新

品牌世代

設 計 入 魂 的 秘 密

SANDU——編著

新 BRAND ADDICTION 品牌世代

Designing Identity for Fashion Stores

設 計 入 魂 的 秘 密

國家圖書館出版品預行編目 (CIP) 資料

新品牌世代 : 設計入魂的秘密 / SANDU ;
洪子元譯 . -- 初版 . --
臺北市 : 風和文創 , 2020.12 面 ; 公分
譯自 : Brand addiction : designing identity for fashion stores
ISBN 978-986-98775-8-9(平裝)

1. 品牌 2. 設計

496.14 109016660

編著 SANDU
總經理暨總編輯 李亦榛
特助 鄭澤琪
譯者 洪子元
主編 張艾湘
主編暨視覺構成 古杰

出版 風和文創事業有限公司
地址 台北市大安區光復南路 692 巷 24 號一樓
電話 886-2-2755-0888
傳真 886-2-2700-7373
EMAIL sh240@sweethometw.com
網址 www.sweethometw.com.tw

台灣版 SH 美化家庭出版授權方公司

IESG

凌速姊妹（集團）有限公司
In Express-Sisters Group Limited

地址 香港九龍荔枝角長沙灣 883 號億利工業中心 3 樓 12-15 室
董事總經理 梁中本
E-MAIL cp.leung@iesg.com.hk
網址 www.iesg.com.hk

總經銷 聯合發行股份有限公司
地址 新北市新店區寶僑路 235 巷 6 弄 6 號 2 樓
電話 02-29178022

製版 彩峰造藝印像股份有限公司
印刷 勁詠印刷股份有限公司
裝訂 明和裝訂有限公司
定價 新台幣 620 元
出版日期 2020 年 12 月初版一刷

Published by Sandu Publishing Co., Ltd.
Address: 5th Floor, Wah Kit Commercial Centre, 302 Des Voeux Road Central, Hong Kong

Contents
目錄

Preface
前言

by Parámetro Studio

多年來，時裝幫助人們找到各種表達自己的方式；在此同時，時尚品牌也透過平面設計找到溝通渠道。一個有力且清晰好懂的例子，便是二十世紀初以簡約優雅成名的香奈兒（CHANEL）， 她在女性身體與生活風格中掀起革命。作為品牌，香奈兒有個顯見的品牌形象，不只透過時尚設計師本身的設計風格，還有其字體、經典的香水瓶，以及店內精心佈置的每款單品等等，來渲染發酵，而這些只是商家企業體用來強化品牌形象的部分元素。另一個可以解釋時尚與品牌設計關係，但和品牌沒有直接關聯的是 Alexey Brodovitch 的創作。身兼攝影師、教師與設計師多重身份的他，令人聞名的是他擔任時尚雜誌《Harper's Bazaar》藝術總監，他在拍攝影像和版面構成的視覺新穎力與迫切直白表達作風，很受他的學生愛戴，而他也不遺餘力地提拔年輕人才。攝影構圖與排版的華麗組成便是他的創作理念，我們可以在本書提到的許多品牌中看見他的影響。

在現下時代，數位平台創造了新型態的紡織品與市場，讓時尚品牌的生產方式更加多樣化，擴大了銷售範圍。因此，品牌的視覺傳達策略，不再侷限於色彩與排版構成；相對的，品牌能在形狀、架構脈絡、空間設計、線下 / 線上的用戶體驗，甚至是香味，找到與品牌和諧運作的方式。這種獨樹一格的「共鳴」能讓每個品牌從眾多的競爭者中獨樹一格，最終在這個不斷變化前進的行業中屹立不搖。

品牌形象是由眾多設計元素組成精細複雜的生態系統。在時尚品牌的店內空間，可以運用各種材料物件來強化，甚至創造極大反差來凸顯本質奧義，最強而有力的手法就是用燈光照明，直接聚焦在商品上。像是大理石材質，能連結現代摩登傢俱和簡約風格，不僅可以讓空間新穎獨特，在展示時尚單品的時候更顯前衛。圖騰花樣和顏色搭配也有同樣效果，因為它們可以掌控調配商品所投射的能量，也就是使用跟品牌形象相關的物品、圖樣以及裝飾，能有助於讓消費者融入品牌營造的氛圍中。視覺構圖和版面配置可以讓品牌傳達它的精神，不論是年輕、活力或是獨特性。引導著舉凡攝影、型錄、網站、包裝、展示在內，甚至是禮品卡、標籤、郵票和衣架等枝微末節的視覺走向，這些物件的設計與安排都必須產生特殊效果，讓品牌形象維持連貫與平衡。除此，商品在店內的擺設方式，會讓顧客感同身受他們的體驗是難忘的，找到一個真正了解他們的品牌。

然而平面視覺設計不只把元素排列組合就好，還關係到品牌對目標受眾的個性與生活方式的了解程度。在本書提出的例子中，當我們為 SIN H 做品牌規劃的時候，對品牌的理解是我們的重點，使我們能夠根據客戶和他們的服裝想要傳達給客戶的訊息提供方向。在視覺與購物體驗方面，我們選用單一色調的搭配，來傳達現代與優雅氛圍。在接下來篇幅，本書會針對這些品牌的規劃進行詳細介紹，它們讓我們看見了達到傑出創作所需的過程，並為本書提出的觀點進行範例解說。

Elementy Simple Wear

Location 地點
Warsaw, Poland 波蘭 華沙

Design 設計
Kamila Mitka

Art Direction 藝術指導
Kamila Mitka

Photography 攝影
Mateusz Chmura

elementy
SIMPLE WEAR

勻稱剪裁、高品質的天然面料與極簡風格，Elementy 的服裝性格在形式與修飾手法上極簡而精確，品牌定調為帶來自信與引人注目的中性服飾。因此在行銷策略跟形象設計上，遵循著品牌的極簡精神，充分展現永續性與整體感。

e
l
e m
e n
t
y

elementy

e
l
e m
e n
t
y
elementy
elementy
SIMPLE WEAR

elementy
SIMPLE WEAR

elementy
SIMPLE WEAR

elementy
SIMPLE WEAR

J'EDITORIA

Location 地點
Taipei 台北

Design Agency 設計單位
Transform Design

Design 設計
Cynthia

Art Direction 藝術指導
Leo

J'EDITORIA

J'EDITORIA

J'EDITORIA

Jane，J'EDITORIA 的創辦人，同時也是一名時尚買手；她喜歡在歐美兩地旅遊的時候，為店裡挑選品味獨到的商品。

在 J'EDITORIA，消費者不只是購買來自世界各地的時尚單品，進一步更重要的是能夠透過這些商品，更深一層瞭解 Jane 想要傳達的生活風格。

EDITORIA 源自於義大利文的「出版品」，設計師選擇字母 JE 作為品牌商標，設計線條剛柔並濟，呈現出 J' EDITORIA 條理分明的優雅特色與簡約的時尚風格。

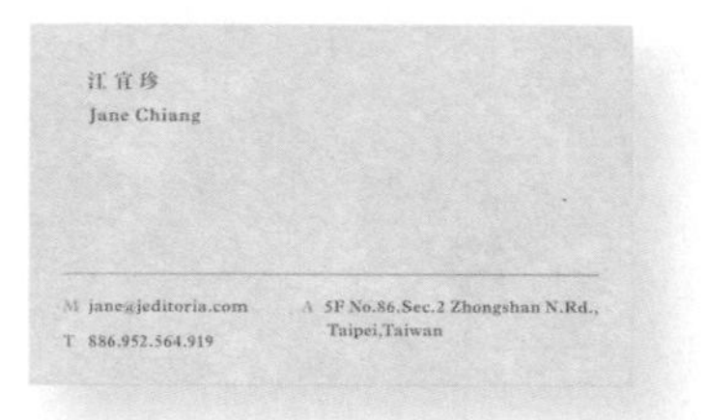

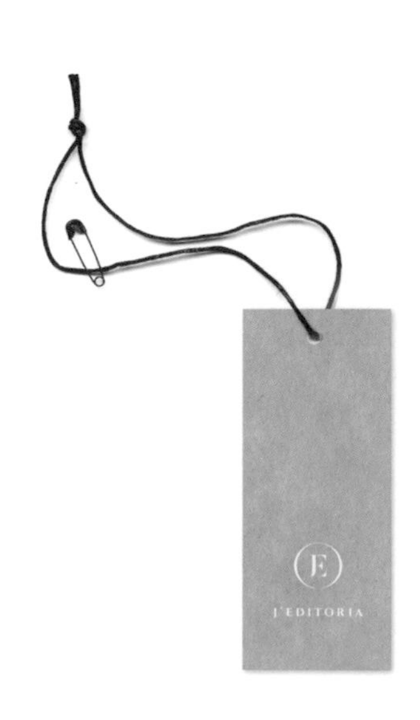

J'EDITORIA

E
J'EDITORIA

J'EDITORIA
E
J'EDITORIA

J'EDITORIA

NOMAD

Location 地點
Denmark 丹麥

Design Agency 設計單位
Andstudio

Design and Art Direction 設計與藝術指導
Domas Miksys, Augustinas Paukste

Photography 攝影
Martyna Jovaisaite

NOMAD

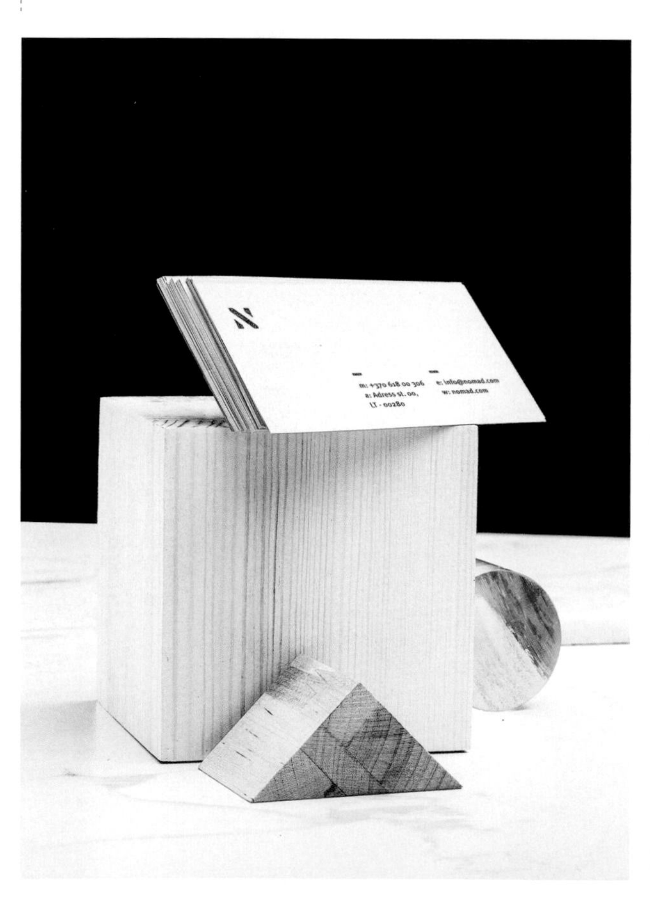

遊牧民族相信「移動」是最能有效探索資源的方式，因此與土地之間也有著特殊情感連結，無畏嚴峻環境捍衛自身利益，是非常獨立而強悍的族群；這樣的精神也讓品牌名稱發想自「遊牧民族」的 Nomad，自然而然塑造著「城市浪人」的概念，不避諱使用「動物皮草」作為品牌識別的元素。

TWO FEET OF SNOW HAS FALLEN
Temperatus in the area have dropped into the single digits as of Monday, and driving winds make it feel much colder. Two feet of snow has fallen on Standing Rock in the last two weeks, and though the thousands of indigenous people and their allies who have camped out to blovk the construction of the DAPL have been preparing for winter, it's still a tough task.
Clear Structure
NOMAD
Natural choice for a constant city wanderer
Facebook
Instagram
Twitter
Discover
Scarfs
Vests
Cardigans
Along with fierce environments
New arrivals
Natural choice for a constant city wanderer
Accessories
city wanderer

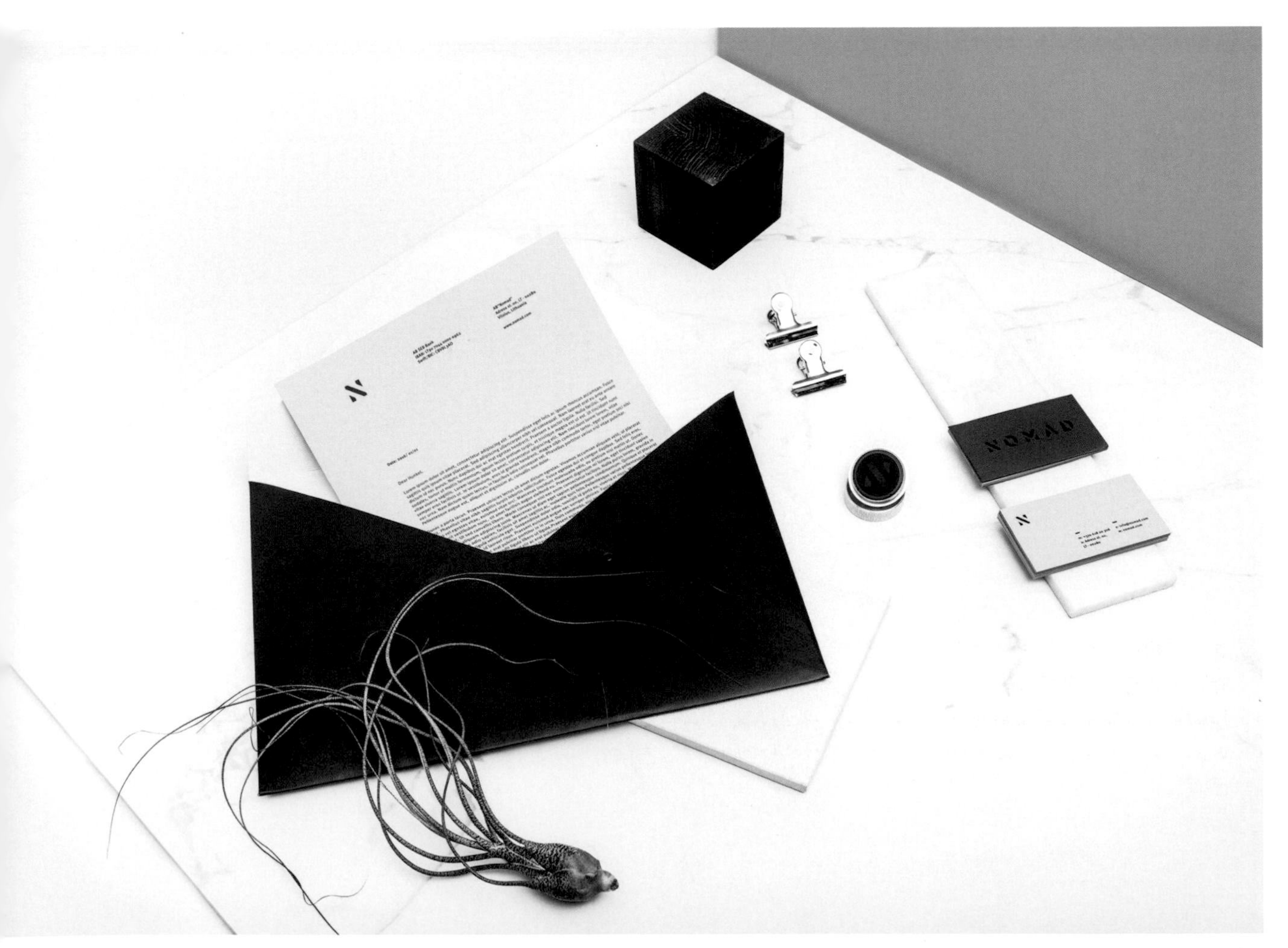
NOMAD

N
AB"Nomad"
Gedlmo st. 12,
LT - 1846,
nomad.com

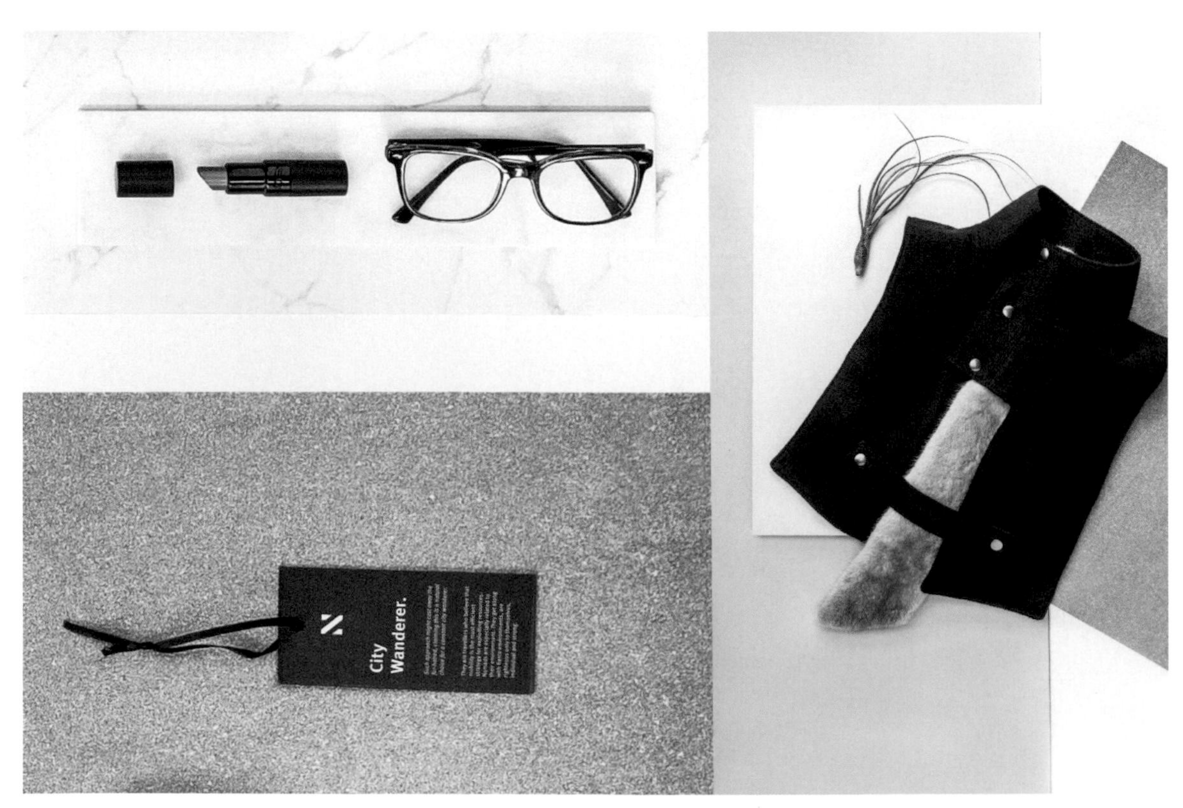
N
City
Wanderer.

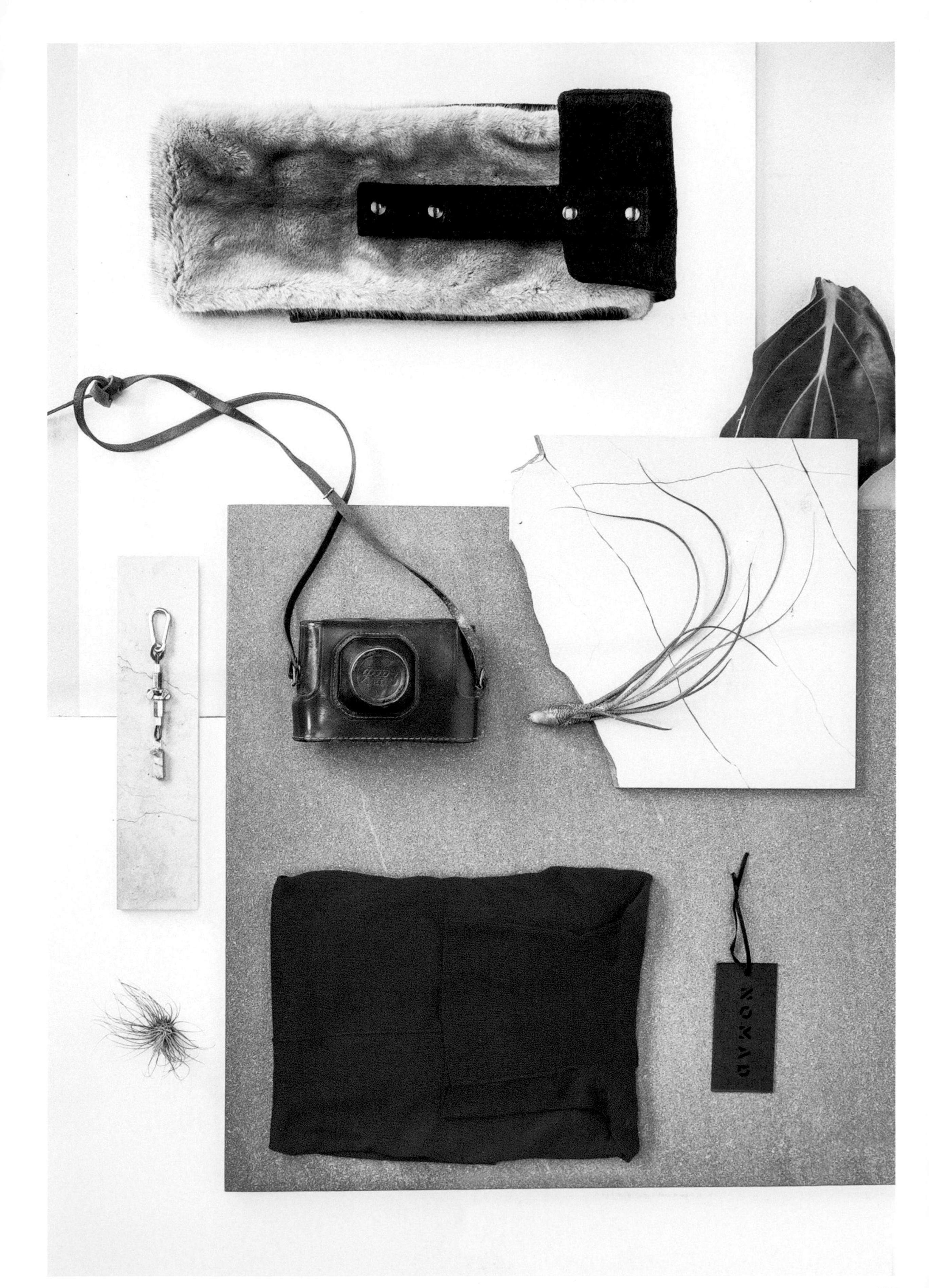
NOMAD

Second Choice

Location 地點
Warsaw, Poland 波蘭 華沙

Design Agency 設計單位
Noeeko

Design and Art Direction 設計與藝術指導
Michal Sycz

Photography 攝影
Michal Sycz

位於華沙市中心的二手精品店 Second Choice ，它與品牌形象設計師合作開發「粉白相間」的格紋作為品牌識別，以及架設「響應式網站」素材，透過獨特商品的視覺陳列，協助消費者了解品牌背後的故事。

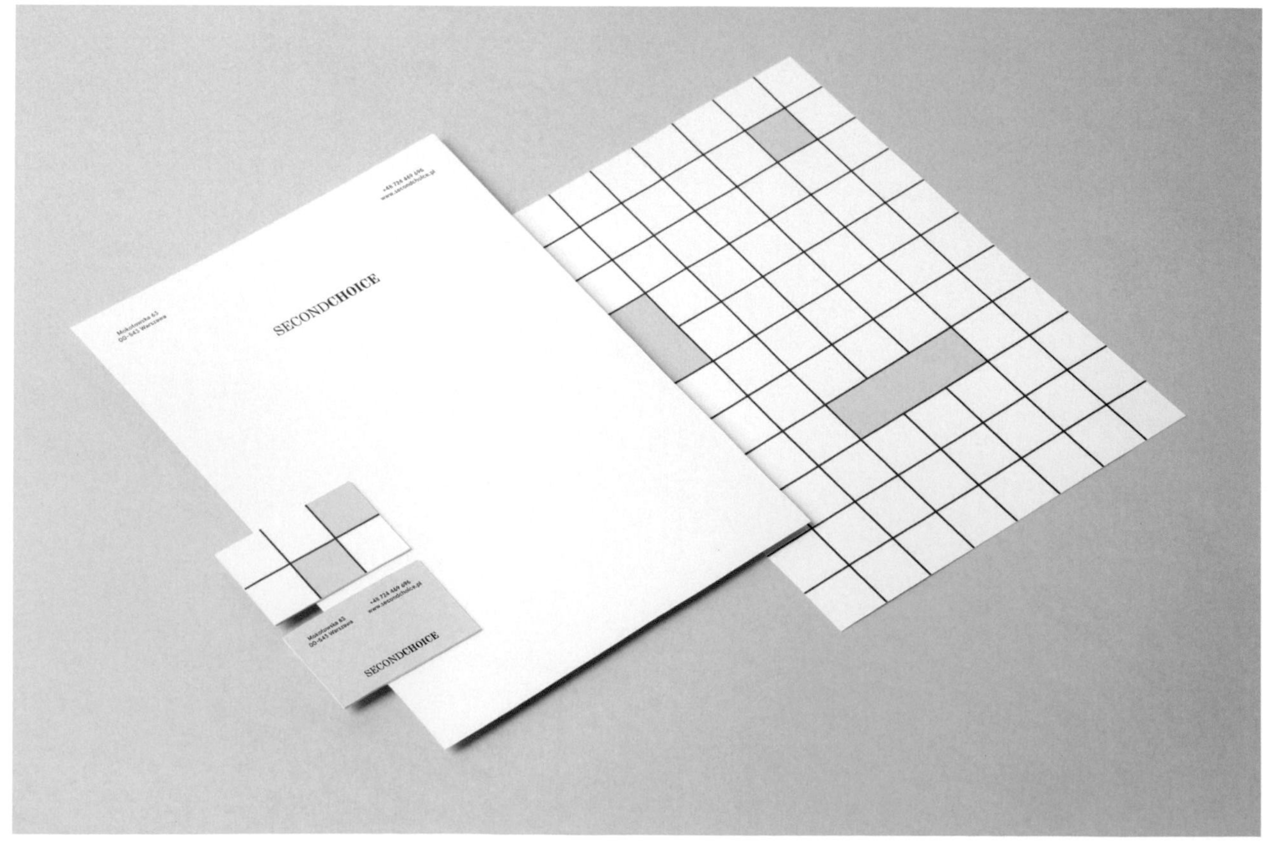

SECONDCHOICE

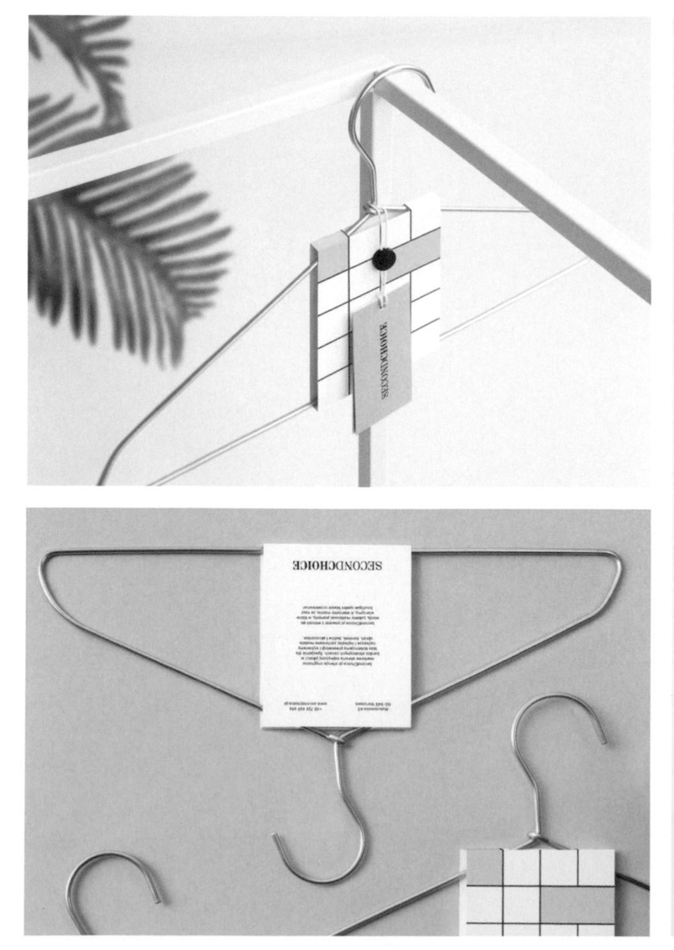

Menu
SECONDCHOICE
2nd
Subskrybuj nasz Newsletter, a co tydzien wyslemy Ci informacje na temat nowosci i trendów.
Submit
1
Napisz do nas wiadomosc na adres sklep@secondchoice.pl
2
Po zaakceptowaniu przez sklep wysyłasz lub przywozisz do nas swoje rzeczy
3
My robimy zdjecia i wstawiamy je na strone internetowa oraz do naszego butiku
1200 zł
2400 zł
1500 zł
800 zł
1800 zł
Dziesiec goracych trendów na wiosne i lato 2016: goo.gl/P2OXyB
2100 zł
4000 zł

Lui Store

Location 地點
Warsaw, Poland 波蘭 華沙

Design Agency 設計單位
Dmowski & Co.

Collaboration 合作單位
Mateus Tański & Asscociates

Photography 攝影
PION

位於波蘭華沙的 Lui Store 是一家精心策劃，集結許多設計師品牌的全新概念選品店；以粉紅和酒紅色作為品牌代表色，並用現代手法重新詮釋哥德體（blackletter）的識別商標。為了呼應品牌概念，店內裝潢則選用天然石材、黃銅，搭配精緻高雅的粉嫩色調。

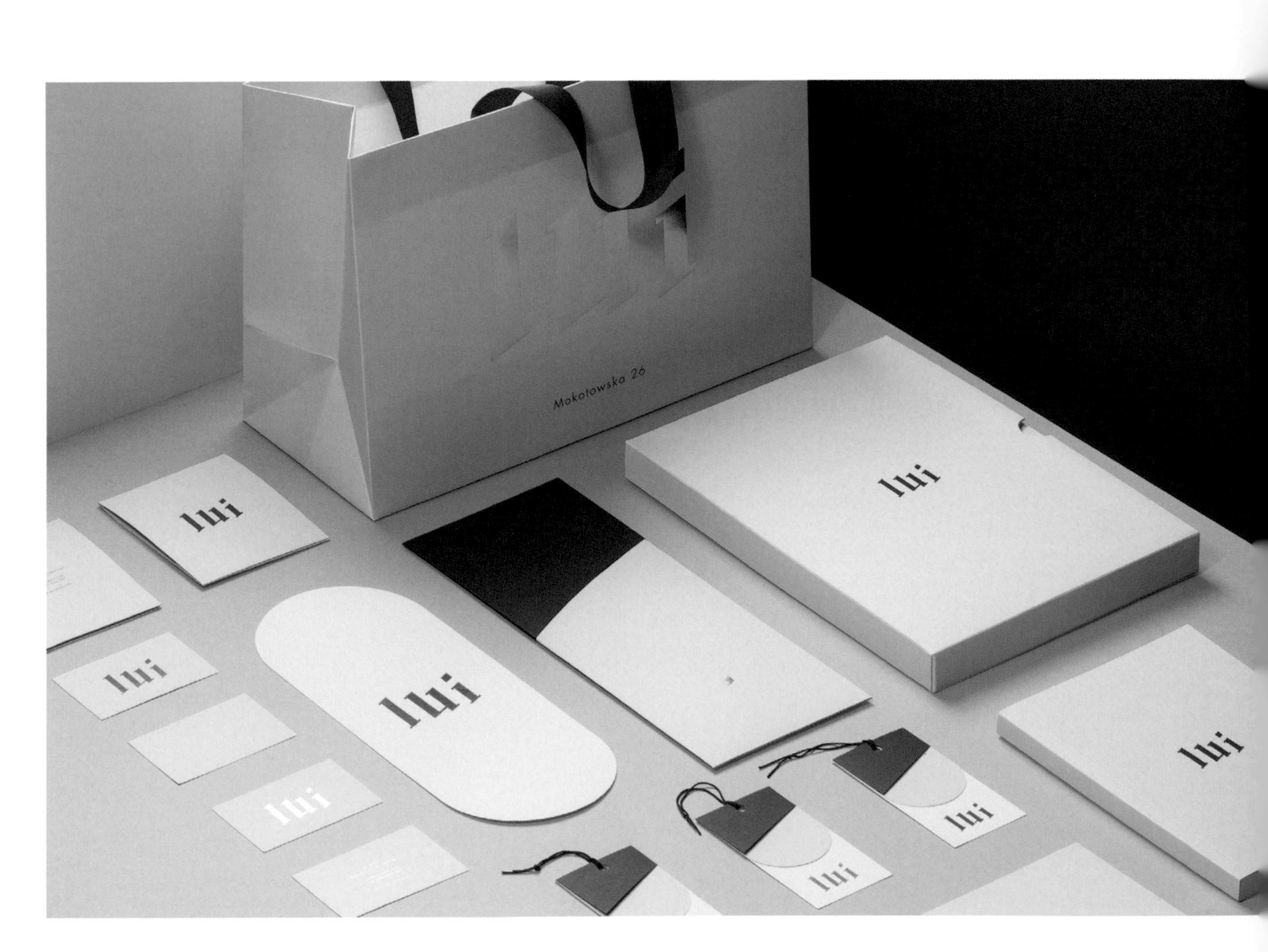

lui
lui

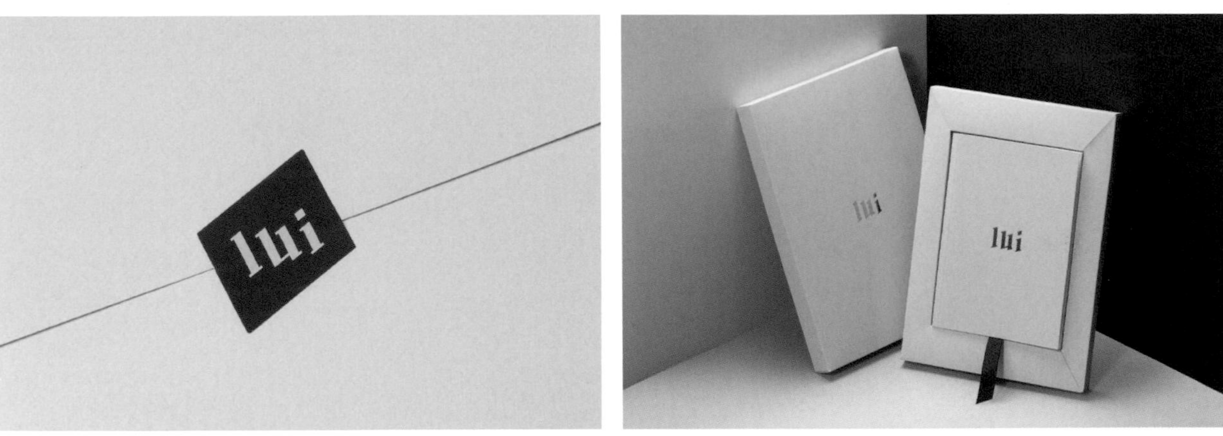
lui
lui
lui

The Dayrooms

Location 地點
London, UK 英國 倫敦

Design Agency 設計單位
Two Times Elliott

Art Direction 藝術指導
Two Times Elliott

Photography 攝影
Two Times Elliott

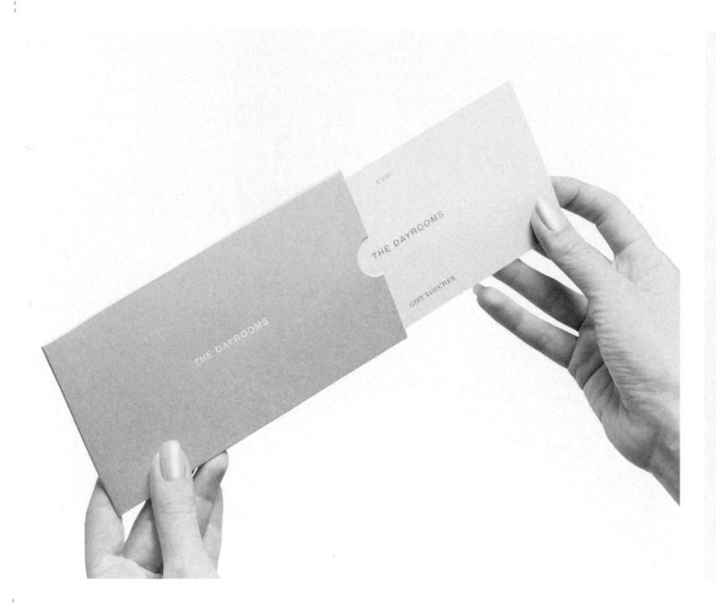

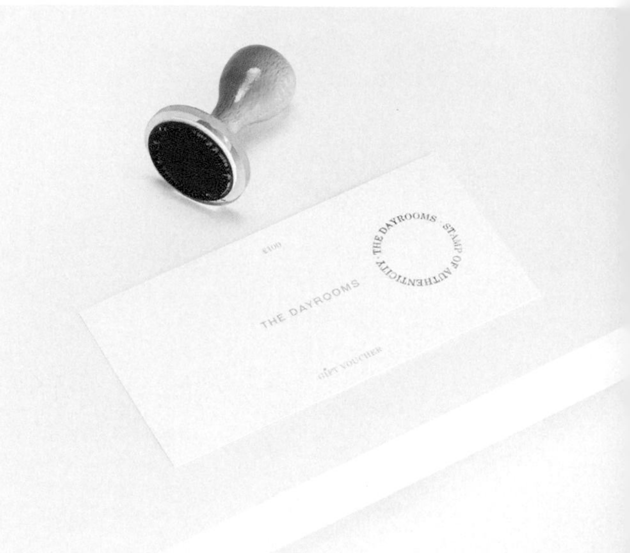

總部設於英國諾丁山的 The Dayrooms，是一家來自澳洲的複合式女裝選品店。在規劃上，設計公司希望讓到店觀感有如消費者日常生活的一部分，期冀能帶給每位消費者放鬆、親密的購物體驗，將品牌底蘊集中在每一次的消費時刻。具體來說，就是讓形象店成為一個刺激情感，將體驗、回憶與商品合而為一的美好場所。

THE DAYROOMS
THE DAYROOMS
THE DAYROOMS

WANDERLUST
IN THE CITY

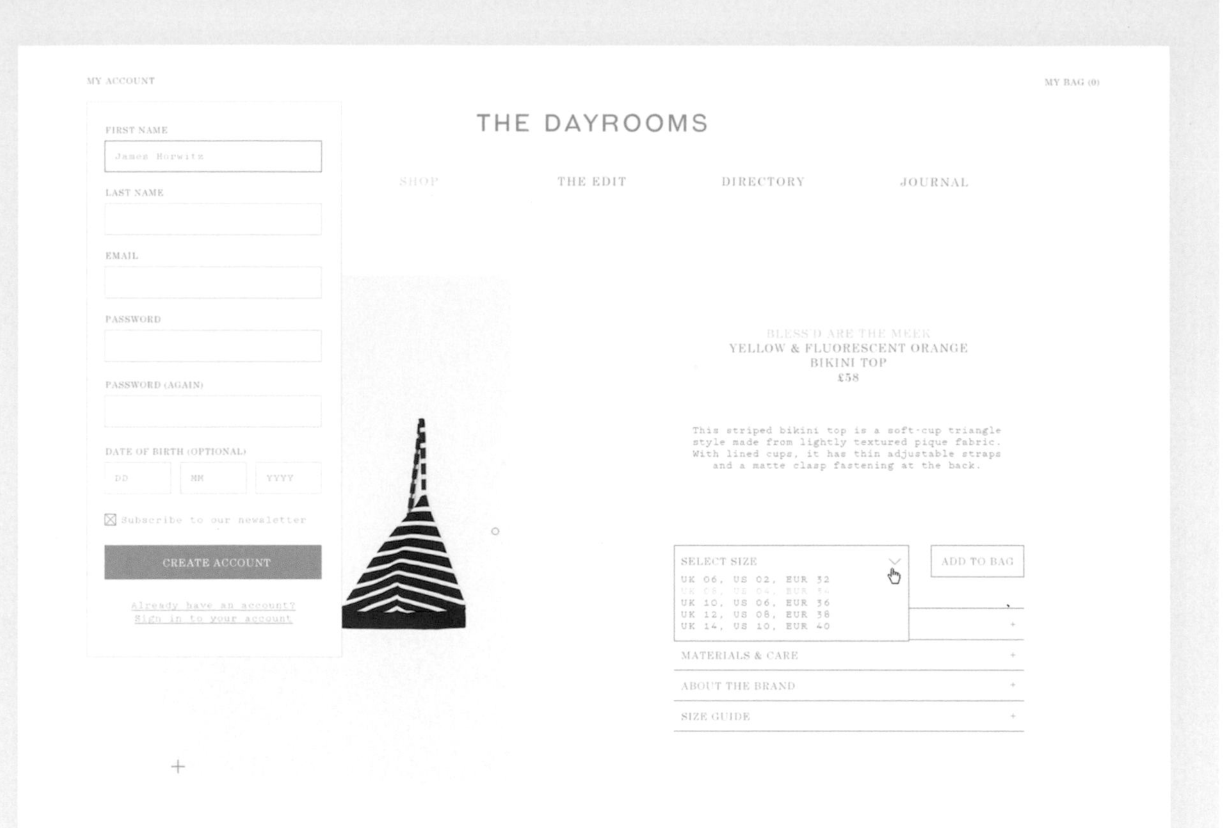
MY ACCOUNT
MY BAG (0)
THE DAYROOMS
FIRST NAME
James Horwitz
LAST NAME
EMAIL
PASSWORD
PASSWORD (AGAIN)
DATE OF BIRTH (OPTIONAL)
DD
MM
YYYY
Subscribe to our newsletter
CREATE ACCOUNT
Already have an account?
Sign in to your account
SHOP
THE EDIT
DIRECTORY
JOURNAL
YELLOW & FLUORESCENT ORANGE
BIKINI TOP
£58
This striped bikini top is a soft-cup triangle
style made from lightly textured pique fabric.
With lined cups, it has thin adjustable straps
and a matte clasp fastening at the back.
SELECT SIZE
UK 06, US 02, EUR 32
UK 10, US 06, EUR 36
UK 12, US 08, EUR 38
UK 14, US 10, EUR 40
ADD TO BAG
MATERIALS & CARE
ABOUT THE BRAND
SIZE GUIDE

THE DAYROOMS
0

FLUORESCENT ORANGE
BIKINI TOP
£58
SELECT SIZE
UK 06, US 02, EUR 32
UK 08, US 04, EUR 34
UK 10, US 06, EUR 36
UK 12, US 08, EUR 38
UK 14, US 10, EUR 40
MATERIALS & CARE
ABOUT THE BRAND
SIZE GUIDE
WE THINK YOU'D ALSO LIKE...

THE DAYROOMS
Moment No.27

BREAKFAST IN BED
YOUR LOVER'S SET OF KEYS
EARL GREY TEA
THE SMELL OF FRESH FLOWERS
THE DAYROOMS

LAZY SUNDAYS

Solar Company

Location 地點
Warsaw, Poland 波蘭 華沙

Design Agency 設計單位
Futu Creative

Design 設計
Eliza Dunajska, Paweł Marcinkowski, Joanna Skiba, Moomoo Architects

Art Direction 藝術指導
Wojciech Ponikowski, Michał Porwol

Account Direction 營業管理
Marta Kulmińka

一年推出兩個系列，以配件作為主打特色的女裝品牌 Solar，上市將近 30 年之後，在 2015 年打造全新品牌形象，使用黑白兩種元素為基礎，優雅壓印呈現傳統商標。極簡全新的品牌形象帶有永恆感，超越當前的設計趨勢，將 Solar 塑造成一個為當代女性找尋變化，以及解決日常穿搭煩惱的品牌。

SOLAR

SOLAR

SOLAR
36

SOLAR
PASAŻ WODNY
105
POZIOM 0

Diarte

Location 地點
Madrid, Spain 西班牙 馬德里

Design 設計
Rebeka Arce

Art Direction 藝術指導
Rebeka Arce

Photography 攝影
Javier Morán

著重在針織設計的服裝品牌 Diarte，對於道德與社會議題有著強烈信念。

「真正的針織設計，以及更多值得探索可能。」設計師根據品牌訴求升級策略，為 Diarte 打造了全新的視覺形象和「線上 / 線下」的互動機制。西班牙語中「punto」有著兩種不同含義，「編織」與「圓點」。因此品牌設計以圓點為特色，強調編織與圓點之間的連結，讓 Diarte 的商標更為有力鮮明。

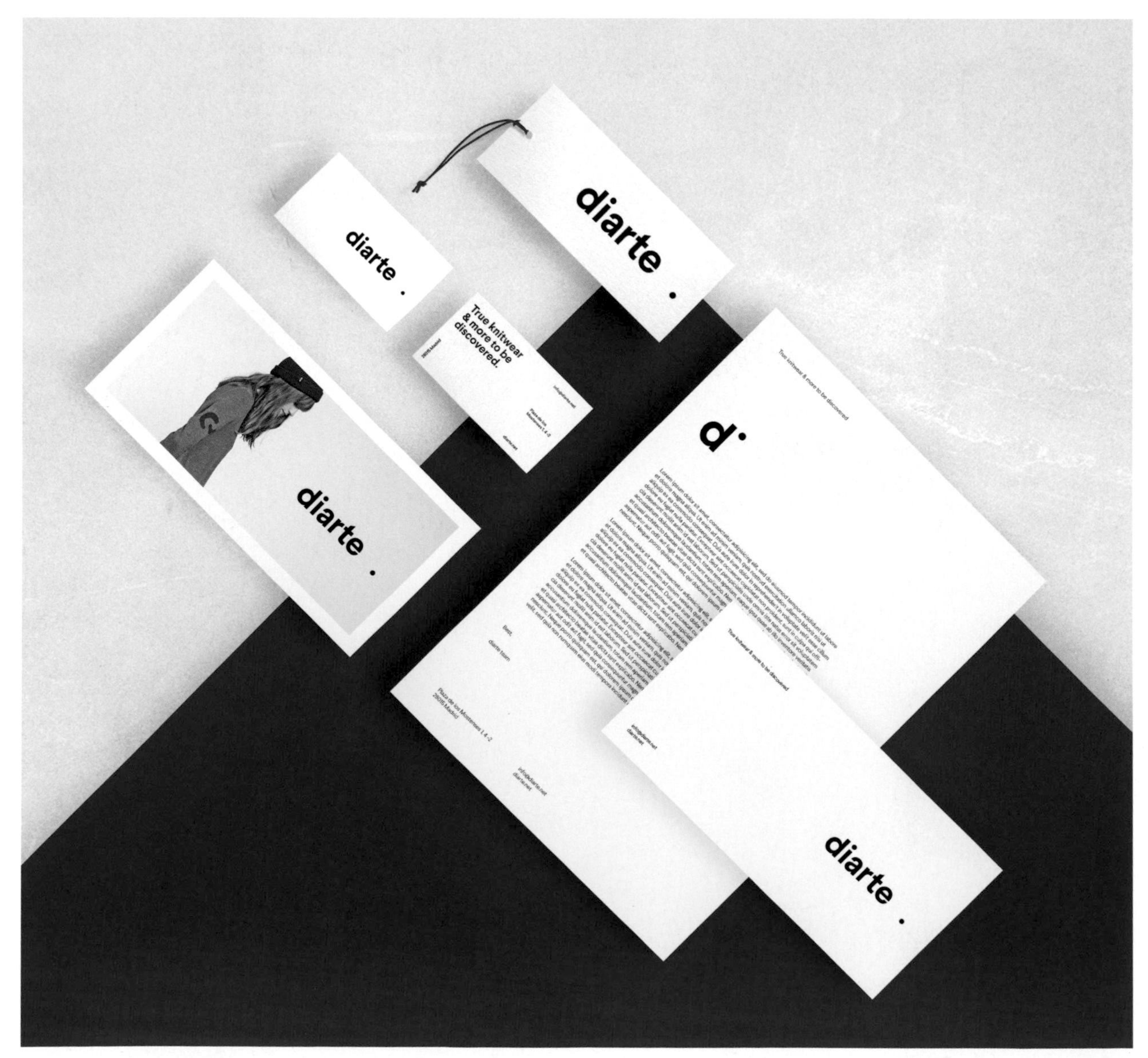

Logotype
diarte .
diarte .
diarte .
Colour
Symbol
d
Headings
Lorem ipsum dolor sit amet, consectetur adipiscing elit.
Sed congue dui vel nisi finibus, ac volutpat elit laoreet.
Suspendisse a dapibus erat.
Subheadings and bodycopies
Lorem ipsum dolor sit amet, consectetur adipiscing elit. Sed congue dui vel nisi finibus, ac volutpat elit laoreet. Suspendisse a dapibus erat. Nullam finibus massa sed purus congue, id ullamcorper leo pretium. Praesent erat elit, viverra in consectetur sit amet, facilisis at nisi. Nulla cursus laoreet dolor, vel faucibus leo posuere sed. Aenean ullamcorper ex risus, vitae viverra nisi maximus vitae.
Secondary text
Lorem ipsum dolor sit amet, consectetur adipiscing elit. Sed congue dui vel nisi finibus, ac volutpat elit laoreet. Suspendisse a dapibus erat. Nullam finibus massa sed purus congue, id ullamcorper leo pretium. Praesent erat elit, viverra in consectetur sit amet, facilisis at nisi. Nulla cursus laoreet dolor, vel faucibus leo posuere sed. Aenean ullamco ex risus, vitae viverra nisi maximus vitae.

True knitwear
& more to be
discovered.
diarte.net
diarte .

diarte

diarte

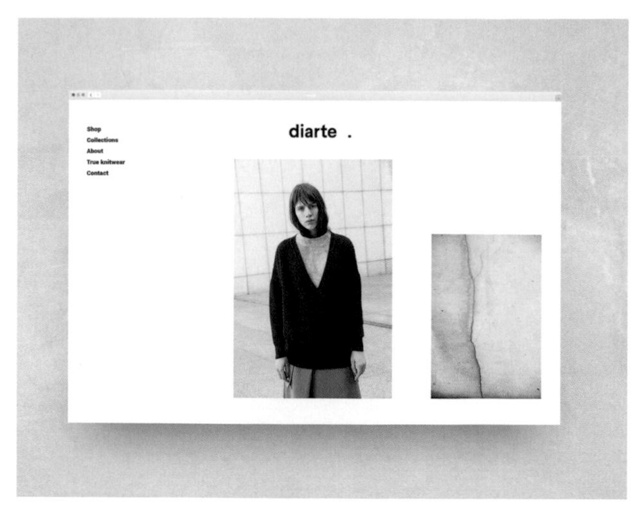
Shop
Collections
About
True knitwear
Contact
diarte .

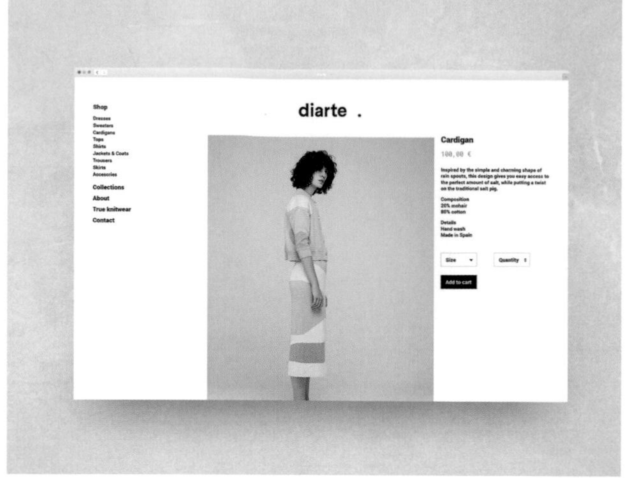
diarte .
Shop
Dresses
Sweaters
Cardigans
Tops
Shirts
Jackets & Coats
Trousers
Skirts
Accessories
Collections
About
True knitwear
Contact
Cardigan
100,00 €
Inspired by the simple and charming shape of rain spouts, this design gives you easy access to the perfect amount of salt, while putting a twist on the traditional salt pig.
Composition
20% mohair
80% cotton
Details
Hand wash
Made in Spain
Size
Quantity
Add to cart

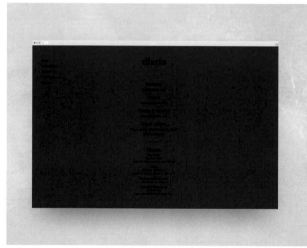

diarte .
Shop
Dresses
Sweaters
Cardigans
Tops
Shirts
Jackets & Coats
Trousers
Skirts
Accessories
Collections
About
True knitwear
Contact
Sale
Lorem ipsum dolor
Lorem ipsum dolor
Lorem ipsum dolor

diarte .

diarte .
diarte .

diarte .

Supera

Location 地點
Sydney, Australia 澳洲 雪梨

Design 設計
Zhenya Rynzhuk, Bondarenko Ann, Artem Golubtsov

Art Direction 藝術指導
Zhenya Rynzhuk, Bondarenko Ann, Artem Golubtsov

Photography 攝影
Zhenya Rynzhuk, Bondarenko Ann, Artem Golubtsov

Supera 是澳洲時尚界的閃亮新星，品牌理念源自希臘故事中的英雄傳說、古老圖騰和符號等神話元素，在「簡約」的核心基調上，以不同形式的元素相互結合，呈現混合古典與現代的鮮明形象。 Supera 的設計師通常會在保留經典圖騰的前提下，嘗試不同色彩與形態的搭配；因此品牌形象策畫人從網站、手機程式到品牌的整體視覺，都呼應著品牌的純粹、潔淨與大器。

SUPERA
Classic men's brand
EST. 2015
Classic men's brand
SUPERA
Classic clothing company
Made in Australia

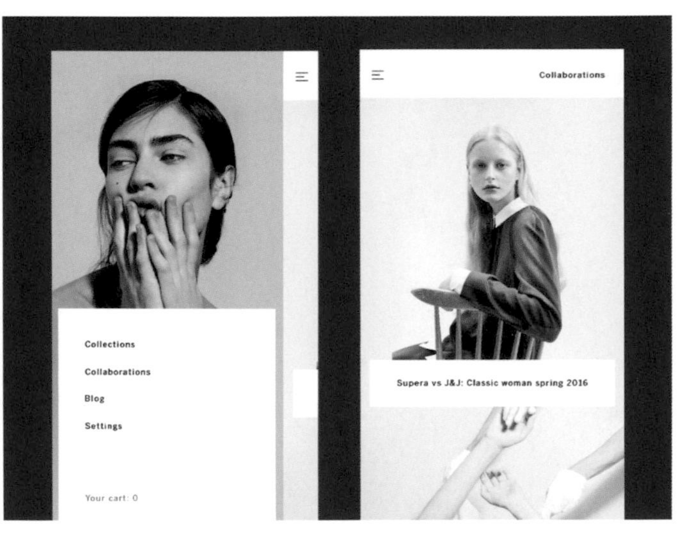
Collections
Collaborations
Blog
Settings
Your cart: 0
Collaborations
Supera vs J&J: Classic woman spring 2016

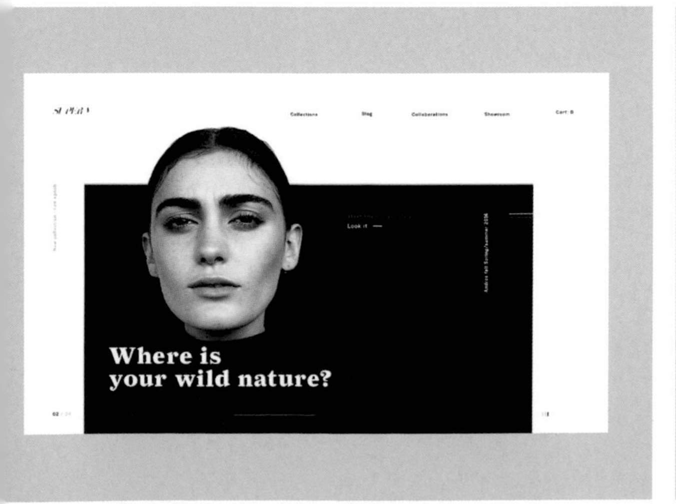
Look it
Where is
your wild nature?

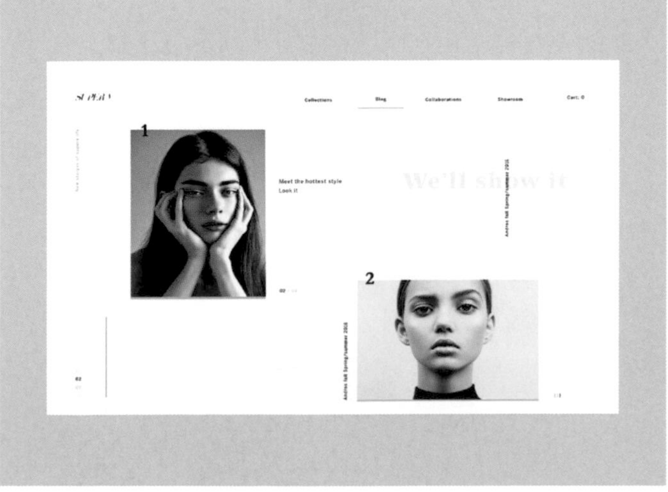
1
Meet the hottest style
Look it
2

Up to Seconds

Location 地點
Hanoi, Vietnam 越南 河內

Design 設計
Ray Dao

Art Direction 藝術指導
Kim Nguyen

Photography 攝影
Ray Dao

UP TO ⁄ SECONDS

2015 年初成立的 Up to Seconds，是越南年輕一代時尚零售商的前五名。品牌以舒適面料和多變的造型輪廓而聞名，負責品牌規劃的 Ray 與商業、創意部門緊密合作，將生產到銷售之間的商業模式升級，高檔化卻平易近人，挖掘「美麗」的所在。雖然品牌以單一色彩和簡約風格做為視覺識別，但特別挑選粉色調當主設計，卻也呈現出一種年輕、精緻而現代的越南美學。

KINFOLK

UP TO — SECONDS

UP TO — SECONDS

UP TO — SECONDS
CURVIES
UP TO — SECONDS | CURVIES

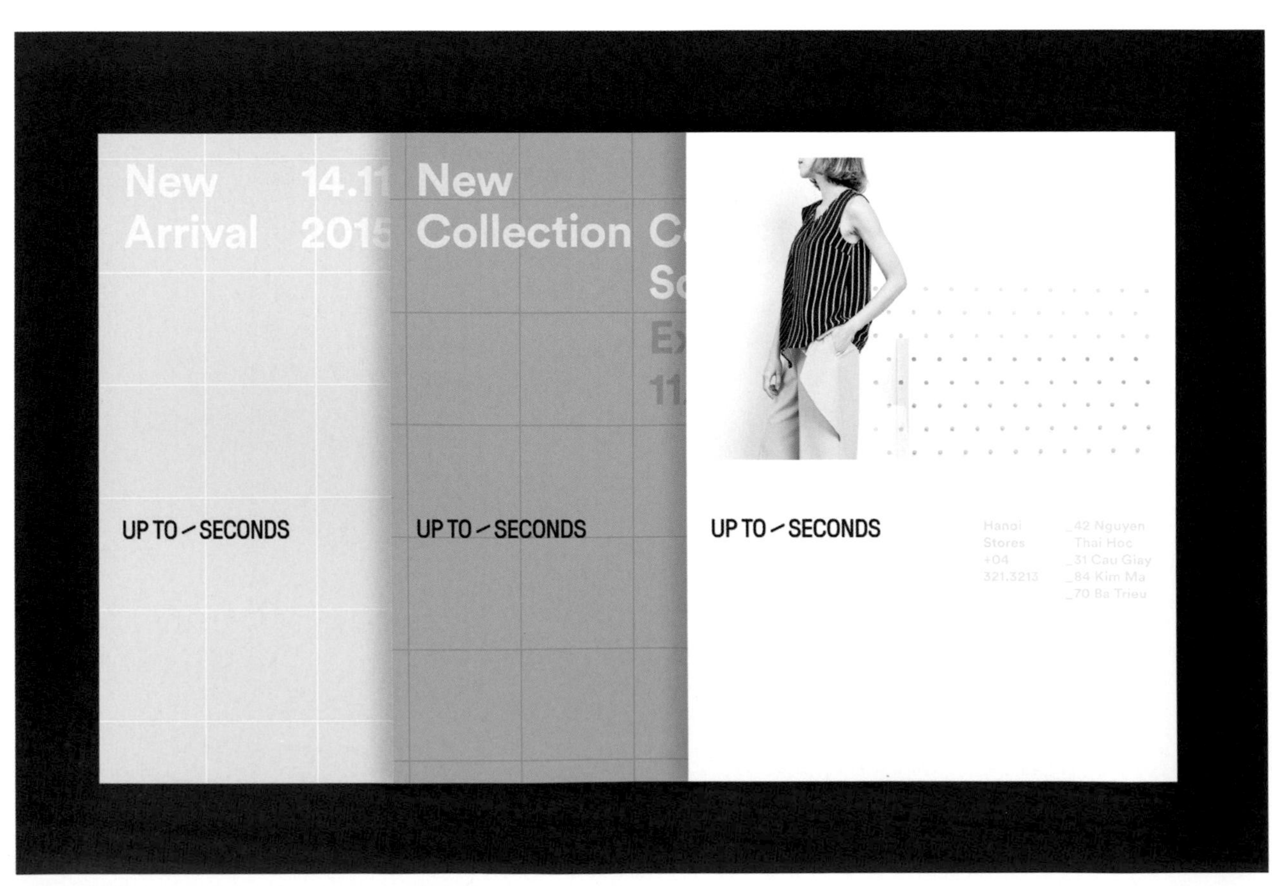
New Arrival
New Collection
UP TO — SECONDS
UP TO — SECONDS
UP TO — SECONDS
Hanoi Stores +04 321.3213
_42 Nguyen Thai Hoc
_31 Cau Giay
_84 Kim Ma
_70 Ba Trieu

CHO THUÊ
VĂN PHÒNG
UP TO — SECONDS

BRIDGET & OLIVIA

Location 地點
Hungary, Budapest 匈牙利 布達佩斯

Design Agency 設計單位
Attila Ács

Art Direction 藝術指導
Attila Ács

Photography 攝影
Richard Kovacs

B & O　　BRIDGET & OLIVIA

總部位於布達佩斯的 Bridget & Olivia，是由設計師雙人組 Timea Staub 和 Dóra Kovács 在 2014 年創立的生活風格品牌，針對所有年齡層設計，標榜價格實惠。簡約運動風的服裝設計，面料品質良好舒適，具親膚性，確保女性穿著時可感覺自在。設計師們從電影和其他藝術媒材上獲取靈感，每一個系列都在呈現一段與現實生活共感，或是情感上、精神上與人有所連結的旅程，讓人們自然回憶起某些重要的時刻。

設計商標時，第一件事就是創造一個鮮明符號，能夠忠實傳達設計師的性格以及作品的信念，既要簡單、精緻，同時又要能輕鬆調整。品牌商標使用的字型是 DIN，透過該字型和其他系列相關的字體，平面設計師替品牌打造與眾不同的個性字型。品牌的主力客是現在的年輕人，他們使用科技與他人建立關係並在生活每一刻分享自己的情緒與感知所想。這種溝通模式被表現在品牌商標 B 和 O 兩個字母上，字母被截斷的切口，代表這個時代的溝通被縮限在數位的螢幕框架內。在這些創新、發展快速的品牌中，這就是 Bridget & Olivia 品牌定位的特色，不斷反思當代的問題與挑戰。

BRIDGET & OLIVIA
BRIDGET & OLIVIA

BRIDGET & OLIVIA

Brillen-Q-Uartier

Location 地點
Graz, Austria 奧地利 格拉茲

Design Agency 設計單位
VON K

Design and Art Direction 設計與藝術指導
Julia Klinger

Photography 攝影
Tina Herzl, lumikki Johanna Bauer

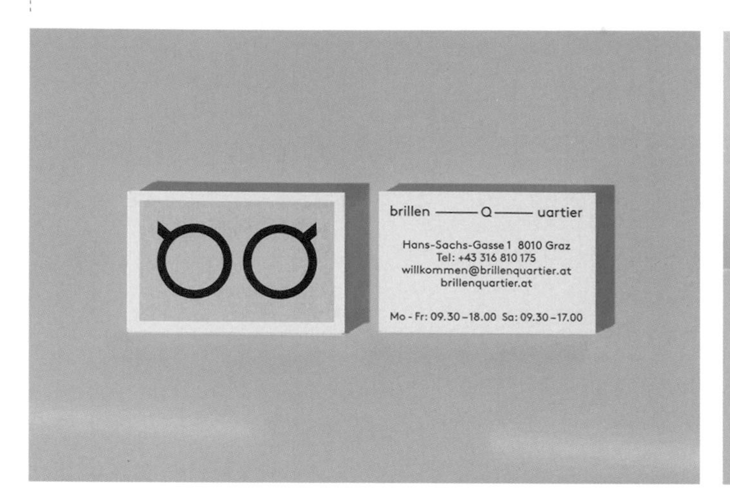

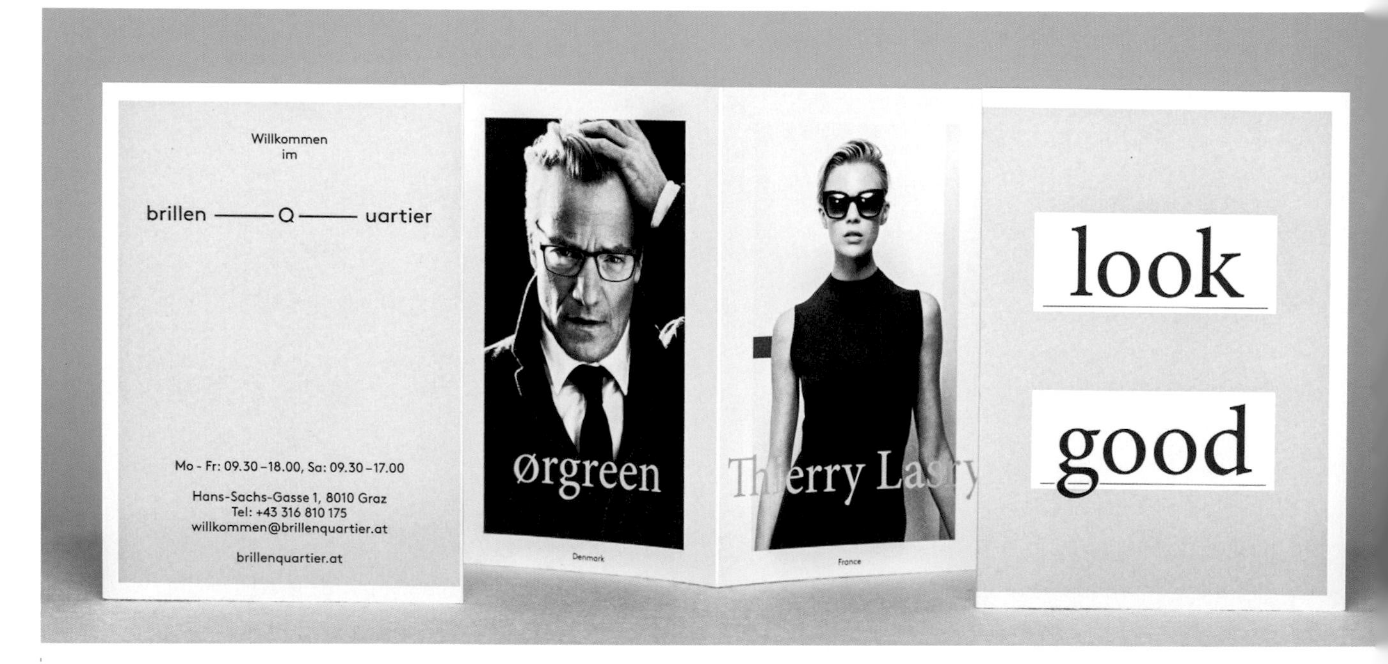

眼鏡品牌 Brillen-Q-Uartier 的新門市，以不同凡響的室內設計為背景，展示出眾多精選眼鏡品牌，透過獨特設計與不輕易妥協的服務品質，在主流品牌中脫穎而出。呼應店內的裝潢風格，在品牌識別的設計上，則採用了多變的視覺效果，融合都會時尚潮流與出人意表的細節，生動地傳達品牌對於「眼鏡與設計」的熱愛。

brillen —— Q —— uartier
shop
eröffnungs
aktion

Wir möchten
Sie/Dich herzlich
zu unserer
Shoperöffnung in
Graz am
opening
09.07.2015
um 19Uhr
in der
Hans-Sachs-Gasse 1
einladen.
Wir freuen uns auf
Euer/Ihr
Kommen!
Einladung
do you
read me?
brillen —— Q —— uartier

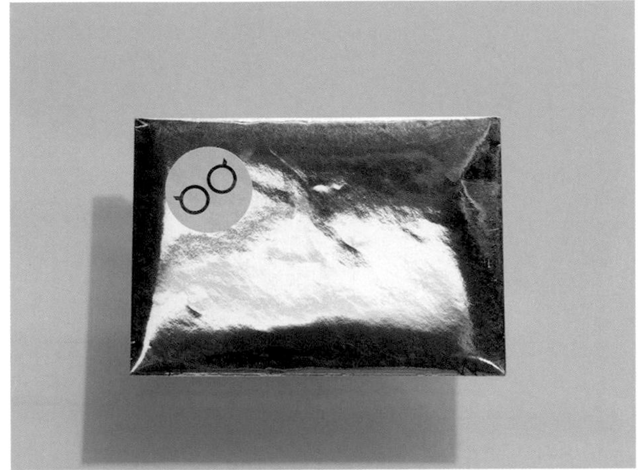

brillen —— Q —— uartier
brillen —— Q —— uartier
Hans-Sachs-Gasse 1
8010 Graz
brillenquartier.at

Einladung
do you
read me?
brillen —— Q —— uartier

brillen Q uartier
do you
read me?

do you
read me?

MSKU 236 263 7
22G1
MAERSK
SEALAND
MAERSK
SEALAND

brillen —— Q —— uartier
Hans-Sachs-Gasse 1
8010 Graz
brillenquartier.at

brillen —— Q —— uartier
brillen —— Q —— uartier

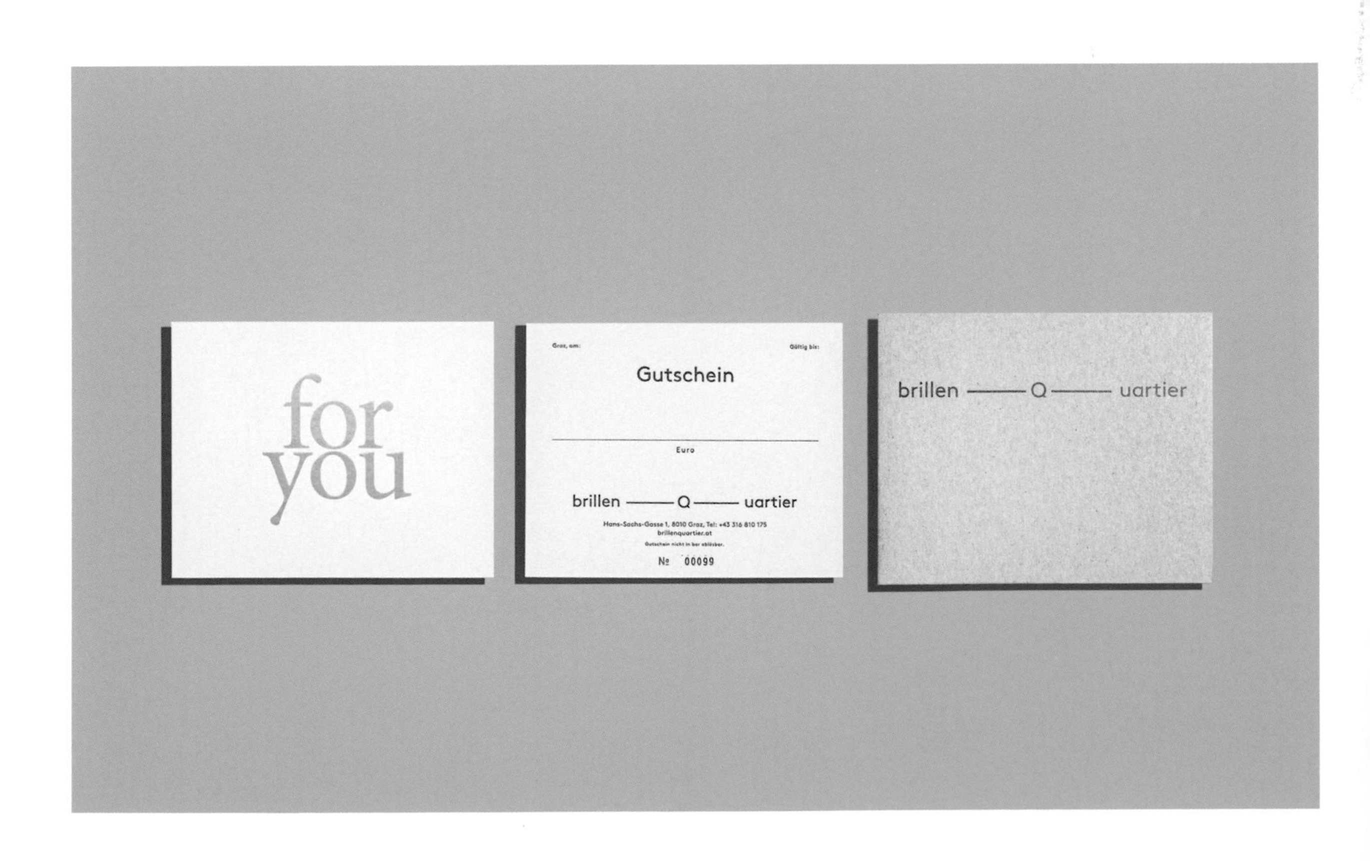
for
you
Graz, am:
Gültig bis:
Gutschein
Euro
brillen —— Q —— uartier
Hans-Sachs-Gasse 1, 8010 Graz, Tel: +43 316 810 175
brillenquartier.at
Gutschein nicht in bar ablösbar.
№ 00099
brillen —— Q —— uartier

Balthazar Eyewear

Location 地點
Aix-en-Provence, France 法國 艾克斯普羅旺斯

Design 設計
Simon Piu

Art Direction 藝術指導
Simon Piu

Photography 攝影
Simon Piu

Balthazar 是一家位在法國普羅旺斯地區小鎮艾克斯的眼鏡店，販賣獨家製造的太陽眼鏡與光學眼鏡；他們所販售的眼鏡全標榜「法國製造」，鏡框全手作，時髦且實惠。為了傳達「法國製造」的理念，設計師使用「紅」與「藍」兩種顏色繪製代表各形各色的人物插圖，應用於品牌的視覺識別和室內空間設計。而厚實圓潤的商標與設計字體，傳達親民的品牌形象，吸引路過的消費者停下腳步。

Aix-en-Provence
Balthazar
Balthazar
Aix-en-Provence
Balthazar
Aix-en-Provence
Balthazar
Balthazar

Balthazar
OPTICIEN
OPTIQUES
SOLAIRES
ACCESSOIRES
LUNETTES
MADE IN
FRANCE
10H-19H
Du mardi au samedi
Rejoignez-nous

Solaires
Balthazar
Vous souhaite la bienvenue !
Rejoignez-nous sur les réseaux :
Mur Balthazar

MUZIK

Location 地點
Seoul, South Korea 南韓 首爾

Design Agency 設計單位
MUZIK Creative Label

Design and Art Direction 設計與藝術指導
Kim Kyutae, Lee Hyejin, Yu Hwanjo,
Kim Jiweon, Ha Namseon

Photography 攝影
Park Insu

以「音樂」作為靈感與創作動力的眼鏡品牌 MUZIK，周遭相關的一切都圍繞著與音樂有關的主題，透過品牌如喇叭音箱般的包裝設計，均衡而韻律感十足的細節，色調、向音樂界名人致敬與聯名企劃等等，品牌視覺的設計團隊試圖將音樂概念與更多有趣的元素融合，為品牌打造原創並帶有一致性風格的設計魅力。

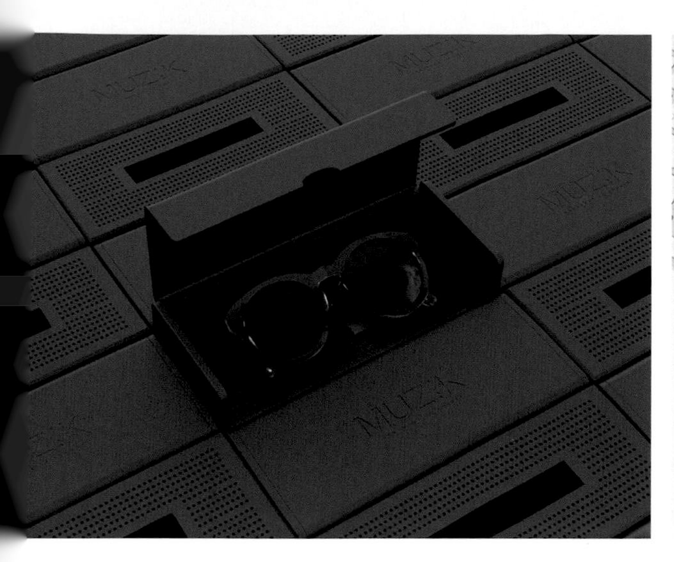

MUZ:K
MUZIK CREATIVE LABEL
SPRING-SUMMER
MUZ:K
MUZ:K
MUZ:K
MUZ:K

MUZ

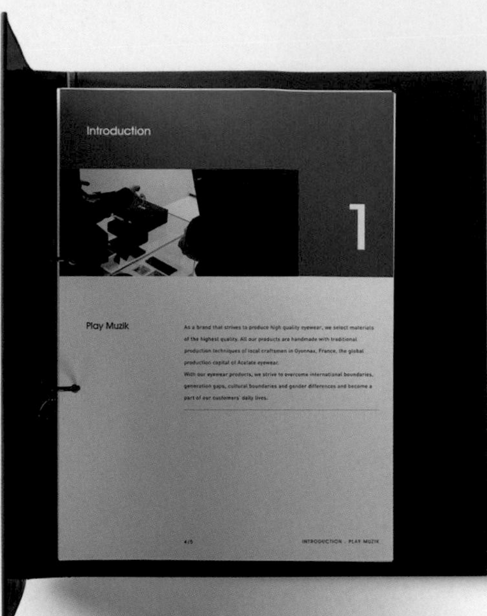
Introduction
1
Play Muzik
As a brand that strives to produce high quality eyewear, we select materials of the highest quality. All our products are handmade with traditional production techniques of local craftsmen in Oyonnax, France, the global production capital of Acetate eyewear.
With our eyewear products, we strive to overcome international boundaries, generation gaps, cultural boundaries and gender differences and become a part of our customers' daily lives.
4/5
INTRODUCTION _ PLAY MUZIK

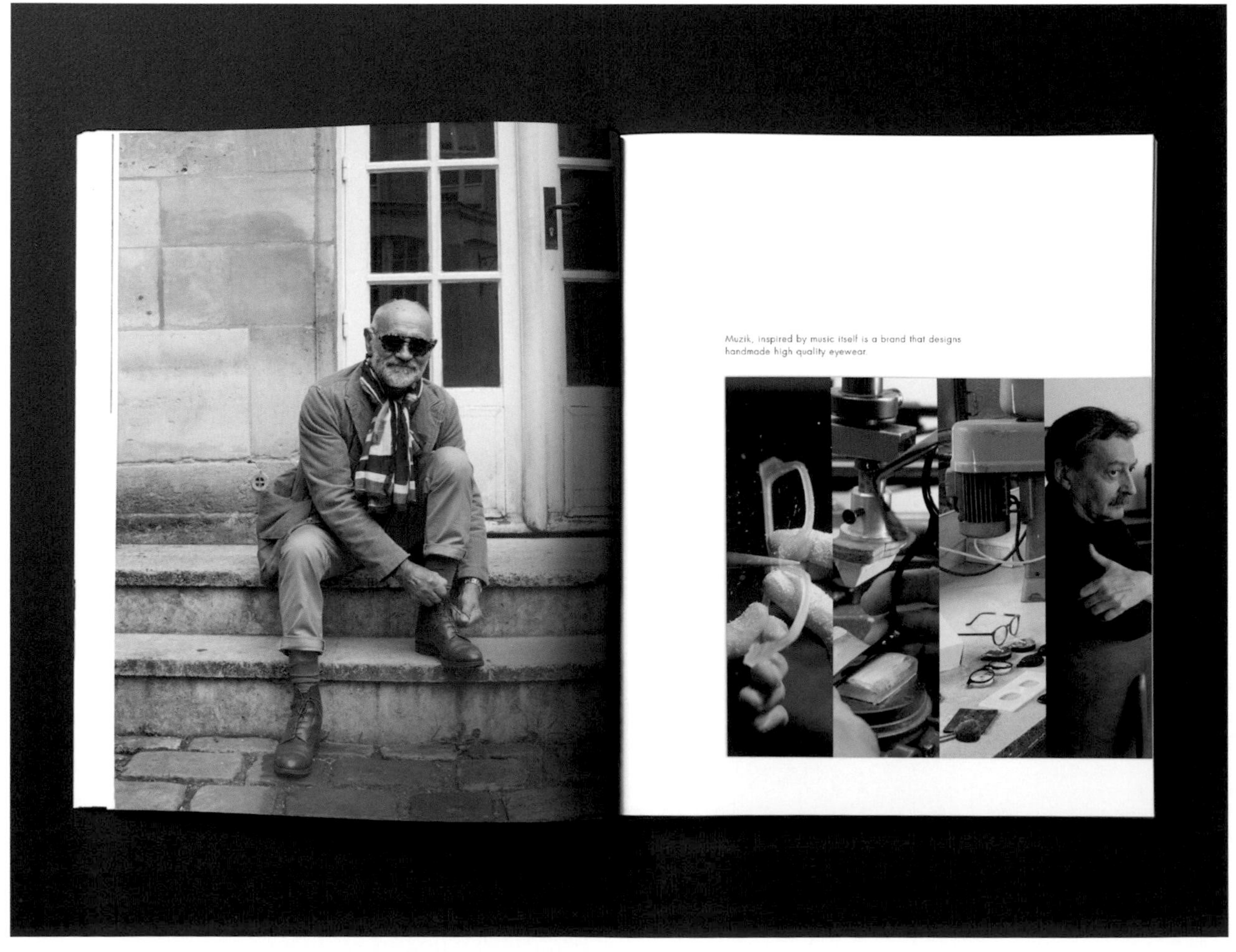
Muzik, inspired by music itself is a brand that designs handmade high quality eyewear.

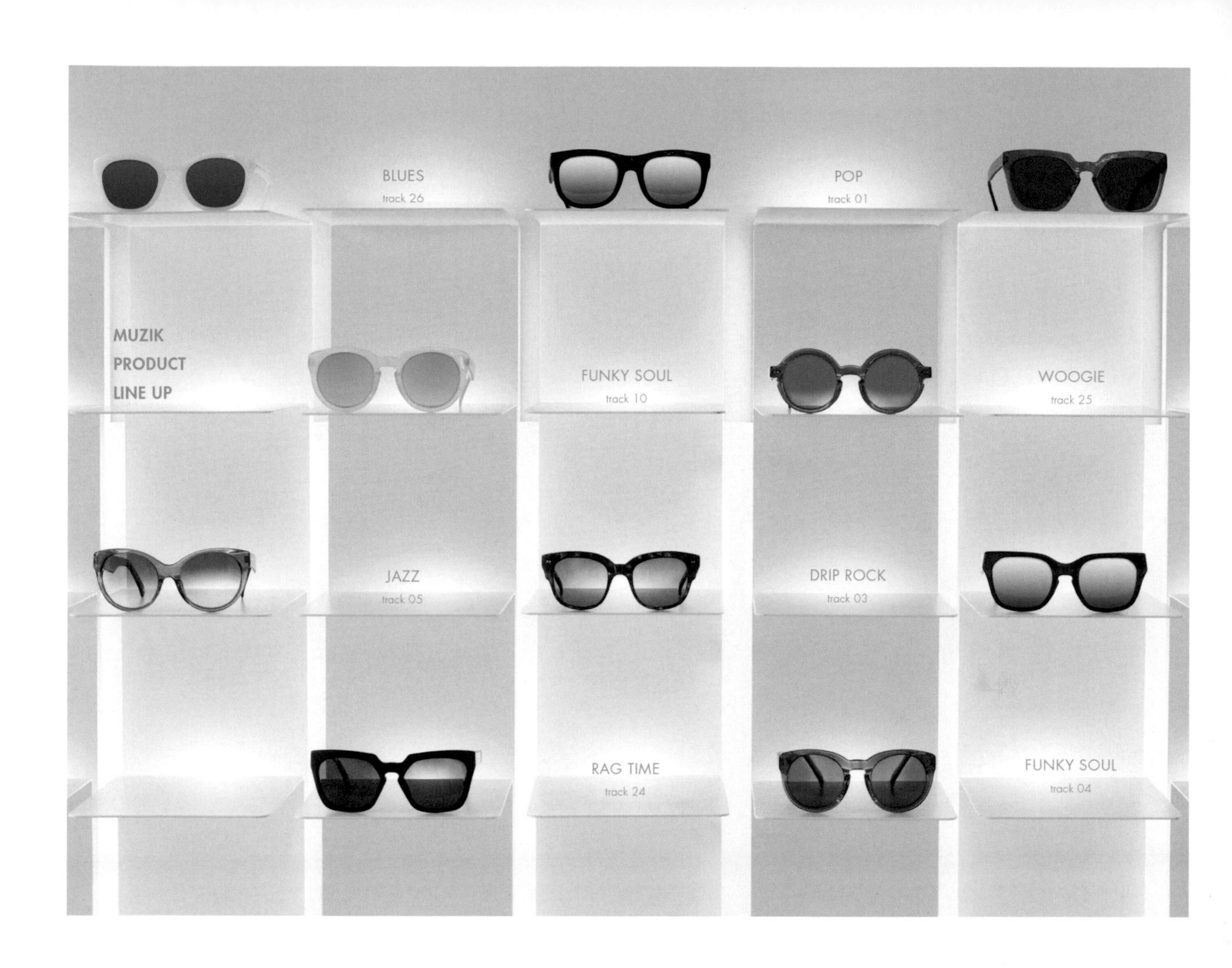
BLUES
track 26
POP
track 01
MUZIK
PRODUCT
LINE UP
FUNKY SOUL
track 10
WOOGIE
track 25
JAZZ
track 05
DRIP ROCK
track 03
RAG TIME
track 24
FUNKY SOUL
track 04

Limited Edition
MUZ:K
SUPERFICTION

RŪH Collective

Location 地點
New York, USA 美國 紐約

Design 設計
Leta Sobierajski

Design Direction 品牌規劃
Leta Sobierajski

Photography 攝影
Leta Sobierajski

總部位於英國倫敦的時尚品牌 RŪH Collective，是由來自紐約、倫敦和伊斯坦堡的企業家與創意份子所創立，專為那些低調保守，但決不沈默噤聲的女性設計服裝，訴求的是一場建立在尊重、機遇與遠景的社會運動。穆斯林每天需要禱告 5 次，黎明前、中午、下午、日落和晚上，針對這些時間，品牌在色彩搭配的比例上有不同的變化。著重於插圖和配色，RŪH Collective 使用單一幾何格紋，透過排版組合的效果呈現品牌視覺，這些幾何圖形令人聯想到用方塊呈現大自然與陽光的藝術手法，最後則用燙金的古銅色商標完整了整個品牌風格。

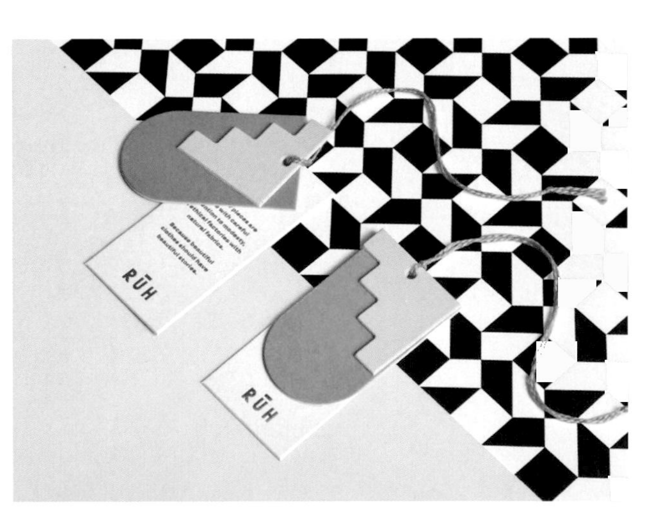

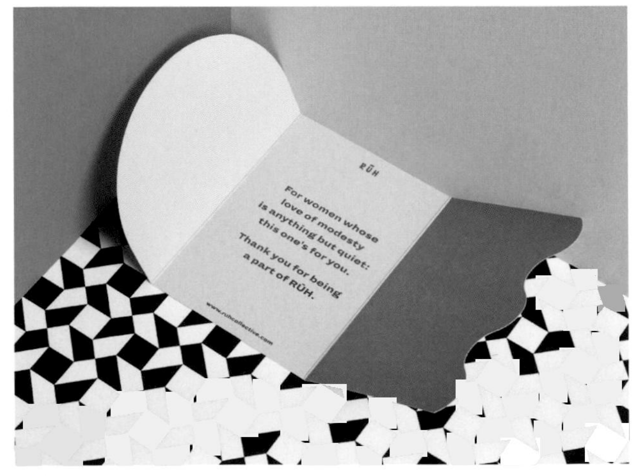

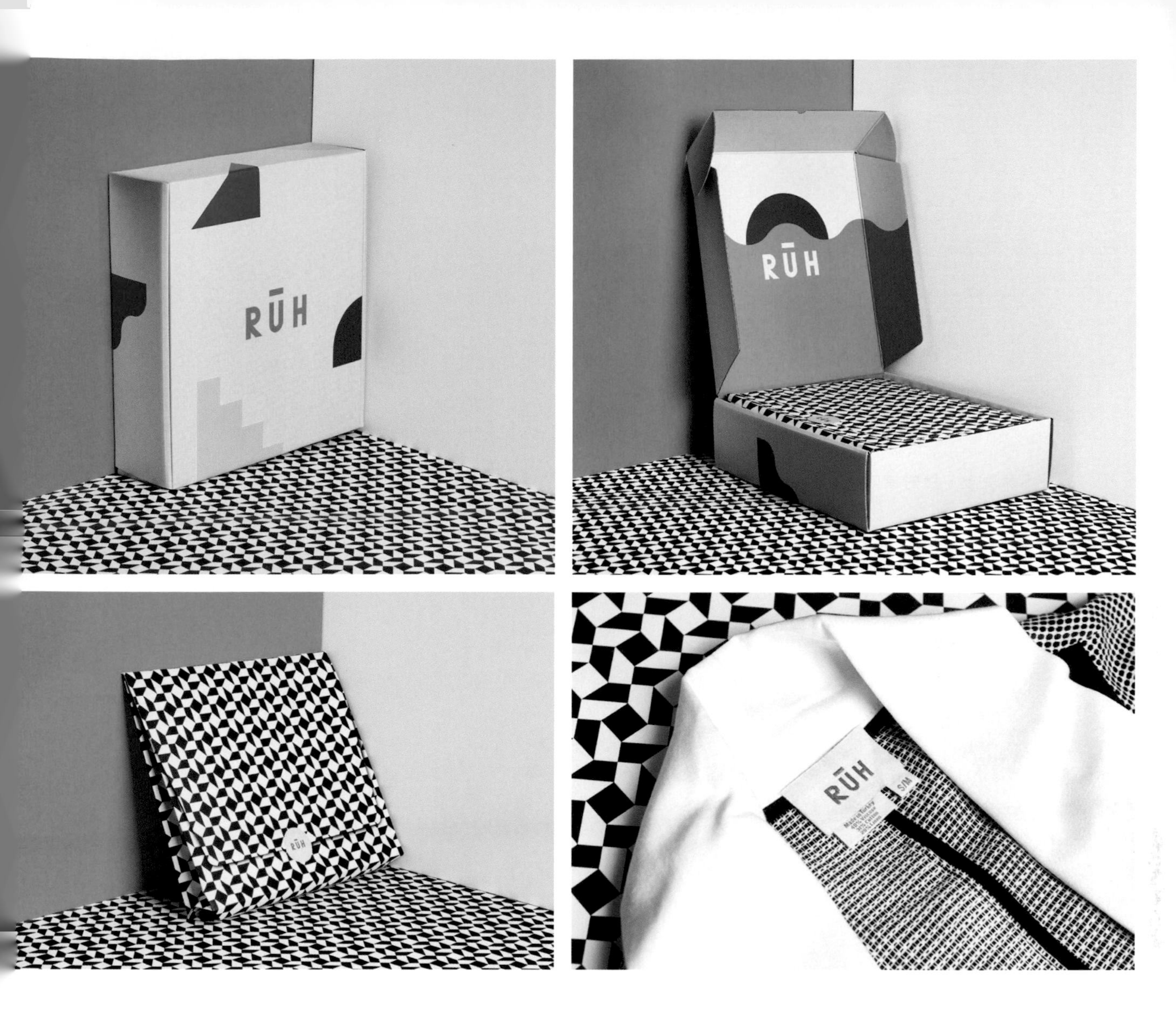
RŪH
RŪH
RŪH

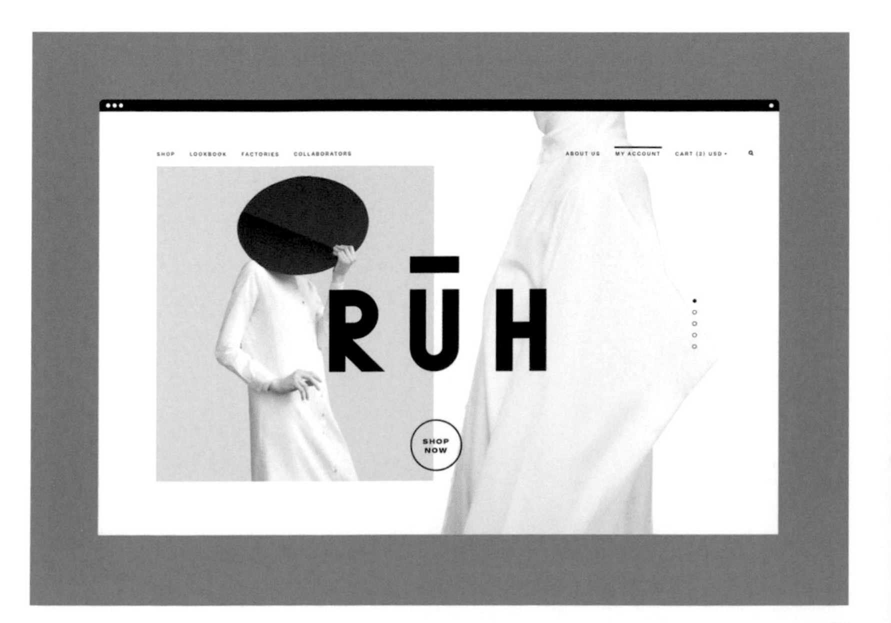
SHOP
LOOKBOOK
FACTORIES
COLLABORATORS
ABOUT US
MY ACCOUNT
CART (2) USD
RŪH
SHOP NOW

Mile

Location 地點
California, USA 美國 加州

Design 設計
Dũng Trần

Art Direction 藝術指導
Dũng Trần

Photography 攝影
Dũng Trần

MILE 成立於美國加州，是一個相當年輕的時尚品牌，擁有自己的設計團隊，致力於讓伸展台上最熱門的衣著造型瞬間襲捲街頭。所有女孩都愛時尚，MILE 也不例外，時尚是可以被回味的，是第一次約會、夜遊、擁有屬於自己的紅毯時刻與生活時光。因此品牌視覺上使用粉色和黑色基調，希望在不同場合創造不同故事，建立性感有趣的 MILE 女孩形象。

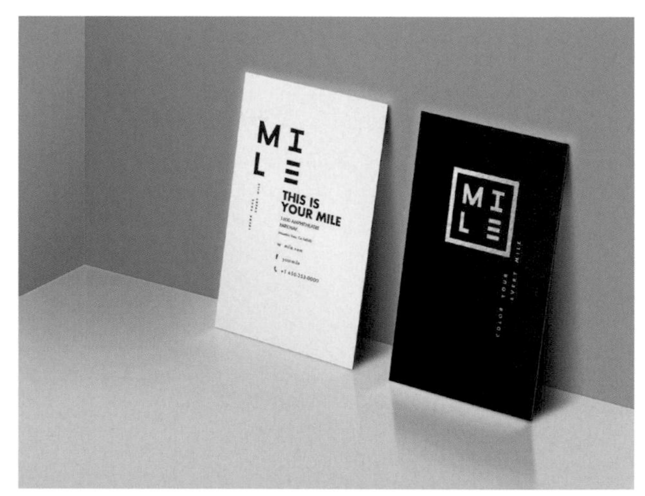

M I L E
END of SEASON SALE
LET'S MAKE PARTY!
COLOR YOUR EVERY MILE
M I L E
SHINY DAY
LOREM IPSUM DOLOR SIT AMET, CONSECTETUER ADIPISCING ELIT,

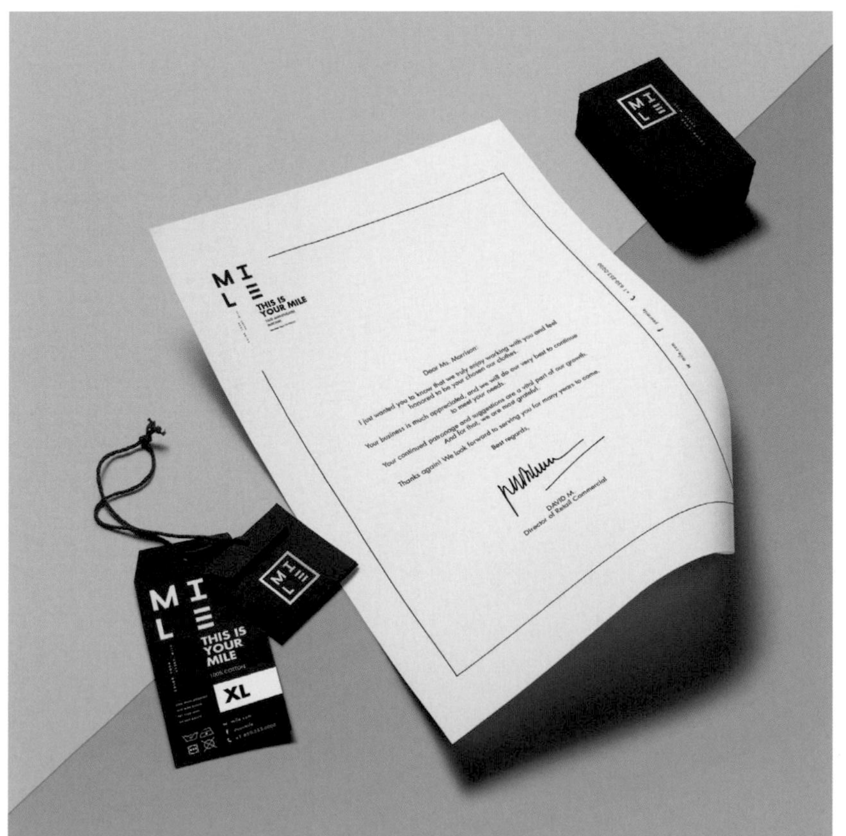
M I L E
THIS IS YOUR MILE
Dear Ms. Morrison:
Thanks again! We look forward to serving you for many years to come.
Best regards,
DAVID M.
Director of Retail Commercial
THIS IS YOUR MILE
100% COTTON
XL

M I L E
YOU'RE INVITED
PLEASE JOIN US TO OUR VERY FIRST OPEN STORE

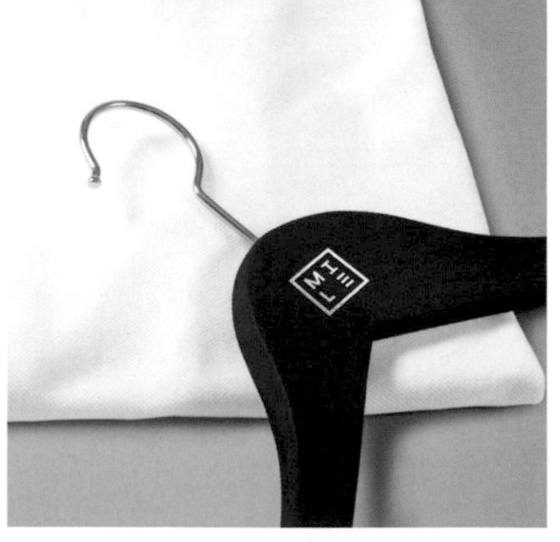

THIS IS
YOUR SITE
SPRING
SUMMER
2016
RESPONSIVE WEBSITE

THIS IS
YOUR MILE
COLLECTIONS
ABOUT
STORE
CONTACT
SPRING
SUMMER
2016
retro
2016
01
cruise
2016
MEET
HELEN STEED
OUR CREATIVE
DIRECTOR
SUMMER 2016
HERE
WE ARE
SHIPPING
TERMS & CONDITIONS
RETURNS POLICY

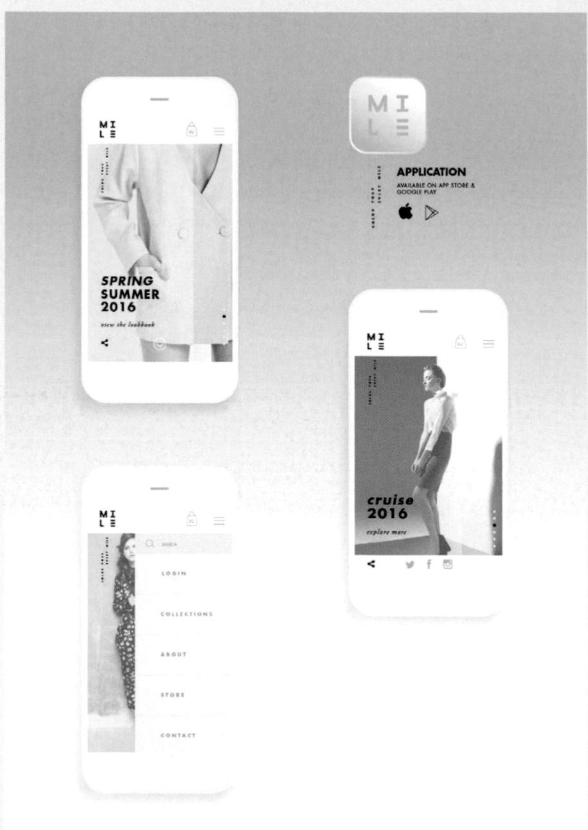
APPLICATION
AVAILABLE ON APP STORE &
GOOGLE PLAY
SPRING
SUMMER
2016
cruise
2016
LOGIN
COLLECTIONS
ABOUT
STORE
CONTACT

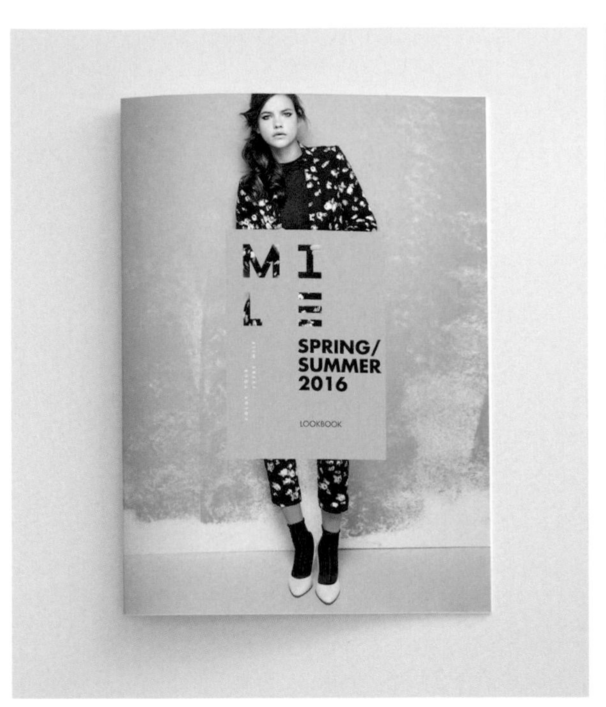
SPRING/
SUMMER
2016
LOOKBOOK

THANK
YOU
THIS IS A SMALL GIFT
FOR YOU, JUST ENJOY IT!
we love you

COLOR YOUR EVERY MILE

Sons of Christiania

Location 地點
Oslo, Norway 挪威 奧斯陸

Design Agency 設計單位
Reynolds and Reyner

Art Direction 藝術指導
Alexander Andreyev, Artyom Kulik

Client 委託人
Jens Ingebretsen

Sons of Christiania（SOC）是一個有著百年歷史、講述一個平凡但才華洋溢的挪威移民家庭追逐美國夢的故事。SOC 的創辦人 Jens Ingebretsen 繼承了他曾祖母 Elna Heffermehl 服裝設計的獨特基因，成為當代創業先鋒的典範。身為「經濟大蕭條」（The Great Depression）期間的第一代移民，Elna 離開寒冷的斯堪地那維亞半島，遠走美國追求更好的生活。她在美國麻州小鎮布魯克萊恩靠賣手工帽維生，而挪威首都奧斯陸的舊名就是 Christiania。故 SOC 不單指風格粗獷的男裝品牌，更具備強而有力的自我認同，潛藏著新一代愛好自由的性格。

天然的棕、灰和紅色調，粗糙表面，地道的老式字體、磨損以及郵戳，這些呈現品牌形象的細節做法，都充滿了歷史感。這些只屬於勞動階級老照片的元素，如今換上當代平面設計的濾鏡，更凸顯與品牌的連結。移民只是一個廣泛的概念，將千千萬萬卑微無名的「希望」人格化。為了賦予前者更為精緻的形象，設計師將原本描繪移工走路的標誌進行多次修改，同時為了更貼近集體式信仰氛圍，而將品牌全名縮寫成 SOC。

品牌展示間的設計風格，也是根據品牌形象打造，加以結合與淺色調背景對比的豐富細節，原創的印刷品、自然木質的粗獷加劇，以及燈光照明，為那些因為充滿男人味形象而自豪的紳士打造了一個舒適自在的空間。

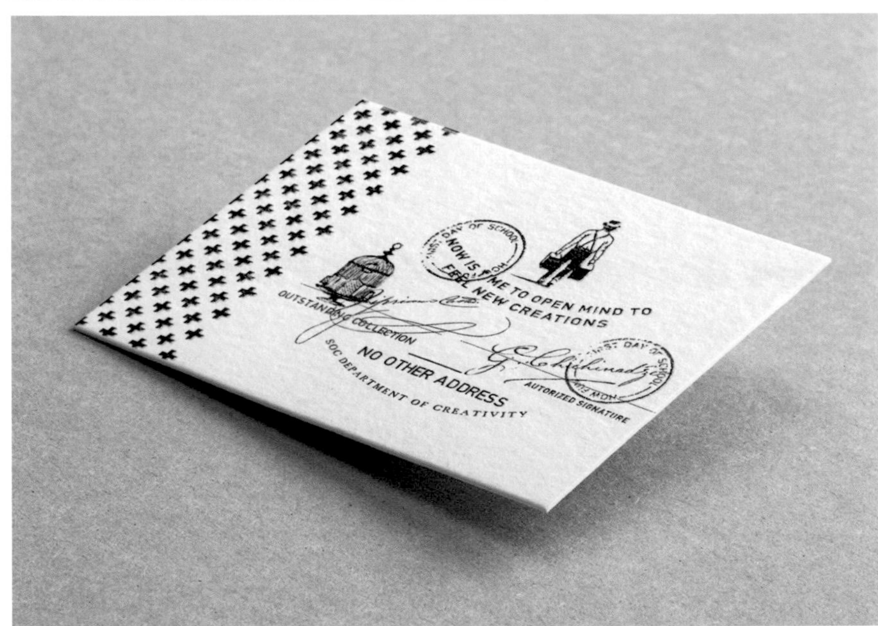

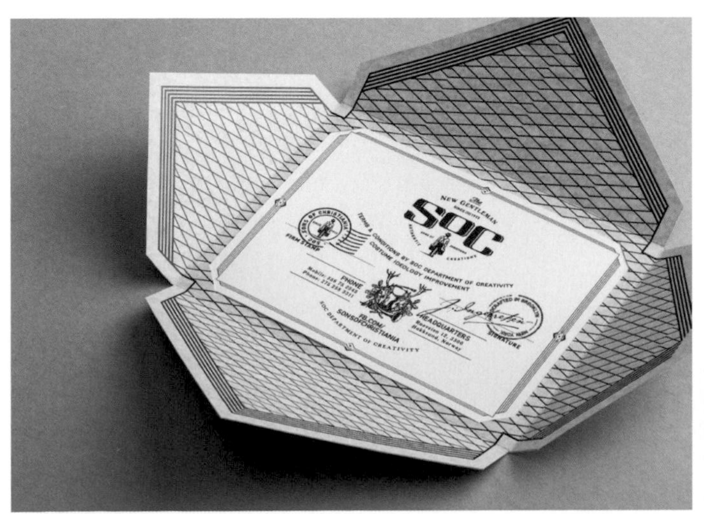

The
NEW GENTLEMAN
SINCE 1913

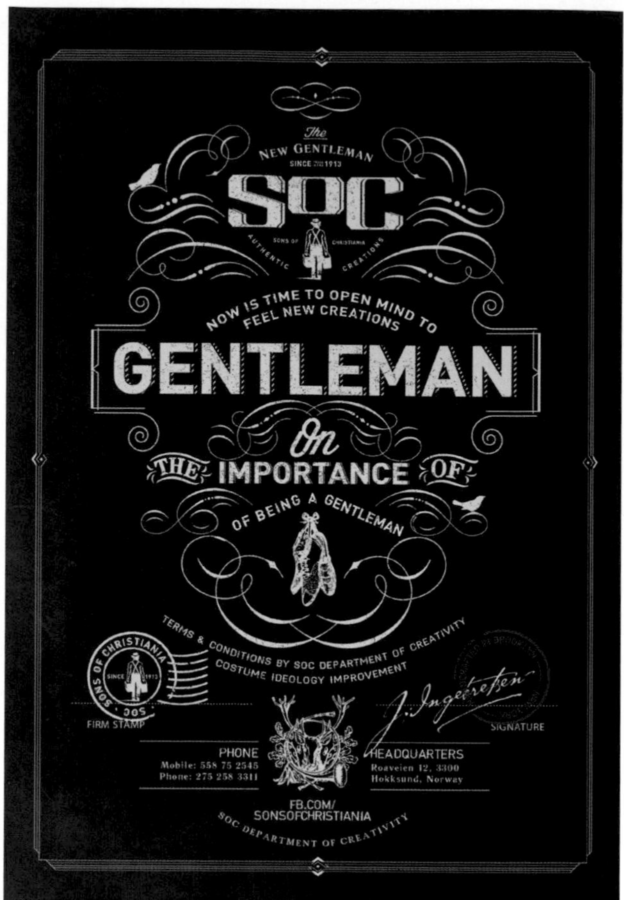
The
NEW GENTLEMAN
SINCE 1913
SOC
SONS OF CHRISTIANIA
AUTHENTIC CREATIONS
NOW IS TIME TO OPEN MIND TO
FEEL NEW CREATIONS
GENTLEMAN
On
THE IMPORTANCE OF
OF BEING A GENTLEMAN
TERMS & CONDITIONS BY SOC DEPARTMENT OF CREATIVITY
COSTUME IDEOLOGY IMPROVEMENT
FIRM STAMP
SIGNATURE
PHONE
Mobile: 558 75 2545
Phone: 275 258 3311
HEADQUARTERS
Roaveien 12, 3300
Hokksund, Norway
FB.COM/
SONSOFCHRISTIANIA
SOC DEPARTMENT OF CREATIVITY

The
NEW GENTLEMAN
SINCE 1913
SOC

The
NEW GENTLEMAN
SINCE 1913
SOC
SONS OF CHRISTIANIA
AUTHENTIC CREATIONS
GENTLEMAN
JUST BREAK IT
W44
W48

HANDCRAFTED IN BROOKLYN
NEW YORK
THE
NEW GENTLEMAN
ESTD TRADE MARK 1913
STAY CONNECTED
facebook.com/soc
SHOP ADDRESS
SOC
ESTD 1913
AUTHENTIC CREATIONS
NOW IS TIME TO OPEN MIND TO
FEEL NEW CREATIONS
OUTSTANDING COLLECTION
AUTHORIZED SIGNATURE
NO OTHER ADDRESS
SOC DEPARTMENT OF CREATIVITY

FineFolk

Location 地點
Kansas, USA 美國 堪薩斯

Design Agency 設計單位
Design Ranch

Design 設計
Morgan Stephens

Art Direction 藝術指導
Michelle Sonderegger, Ingred Sidie

Photography 攝影
Michael Forestor

FineFolk 是珠寶設計兼造型師 Leslie Fraley 的店鋪型工作室，視覺識別的靈感啟發自她無可挑剔的品味與製作高端手工藝品的天份，設計團隊不僅為品牌命名，更設計了全新的視覺形象。從名片到購物袋，還有各種不同材質的小開本書冊，用精緻美觀的設計不斷提醒大家：「我們就是 FineFolk」。

FINE
FOLK
SHOP + STUDIO

FINEFOLK WE AR FINEFOLK WE AR FINEFOLK
FINE
FOLK

FINE
FOLK

FINE
FOLK

Location 地點
Mexico 墨西哥

Design Agency 設計單位
Savvy Studio

Art Direction 藝術指導
Savvy Studio

Photography 攝影
Savvy Studio

將日常生活配件賦予實用價值，VVVVOVVVV 一直致力於「極簡風格」的復興；因此在品牌形象的塑造上，VVVVOVVVV 始終專注於挑選能反映「純淨」的精緻材質，用一種回歸原始的手法提供舒適度與多變性。他們的商標與圖騰設計得簡單而大膽，好鮮明清晰地壓印在皮革上。

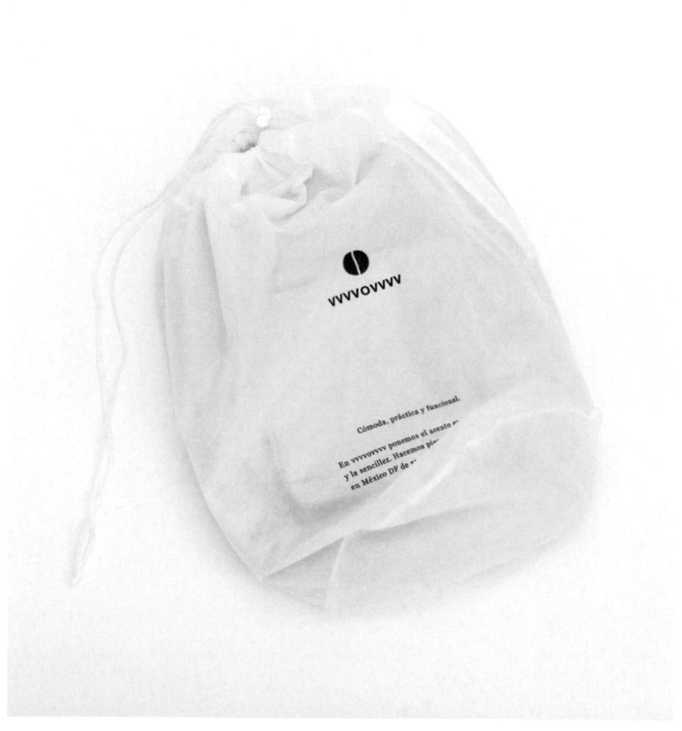

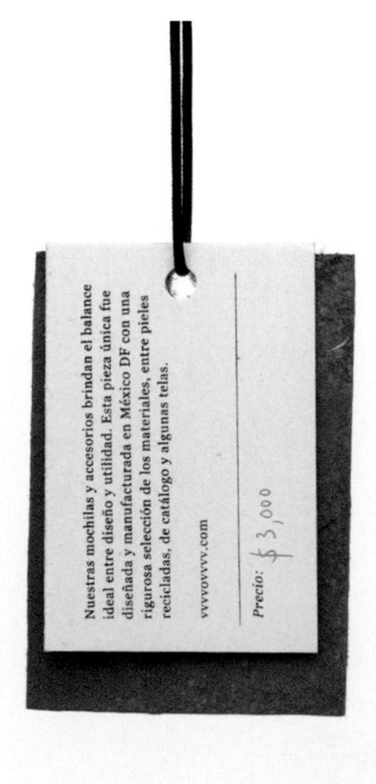

Paso 04
Paso 05
Paso 06
vvvvovvvv
Modelo 01
Manual de doblez
vvvvovvvv.com
Paso 01
Paso 02

LEIBOVITZ
AT

Sisters

Location 地點
Istanbul, Turkey 土耳其 伊斯坦堡

Design 設計
Ozan Akkoyun

Art Direction 藝術指導
Ozan Akkoyun

Photography 攝影
Begüm Yetiş

Sisters成立於伊斯坦堡，是一個介於洛杉磯街頭風格與法式休閒優雅的女裝品牌。設計師以「閨密情誼」作為核心概念，在兩個S之間加入連結線，強烈呼應親密朋友之間的聯繫。這個符號設計不僅調整了兩個S的方向，更和商標 Sisters 在視覺上形成強烈結構與對比。

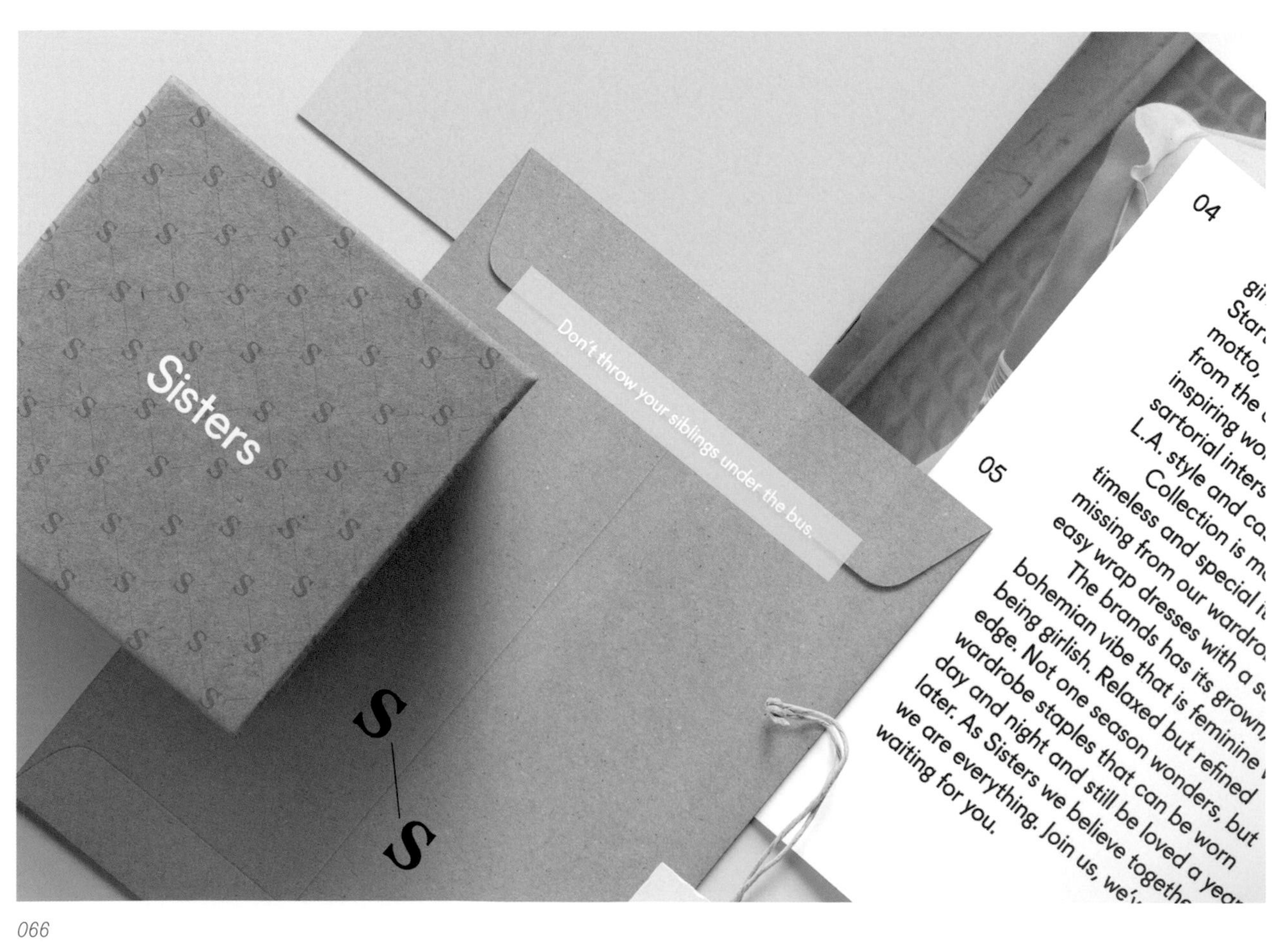

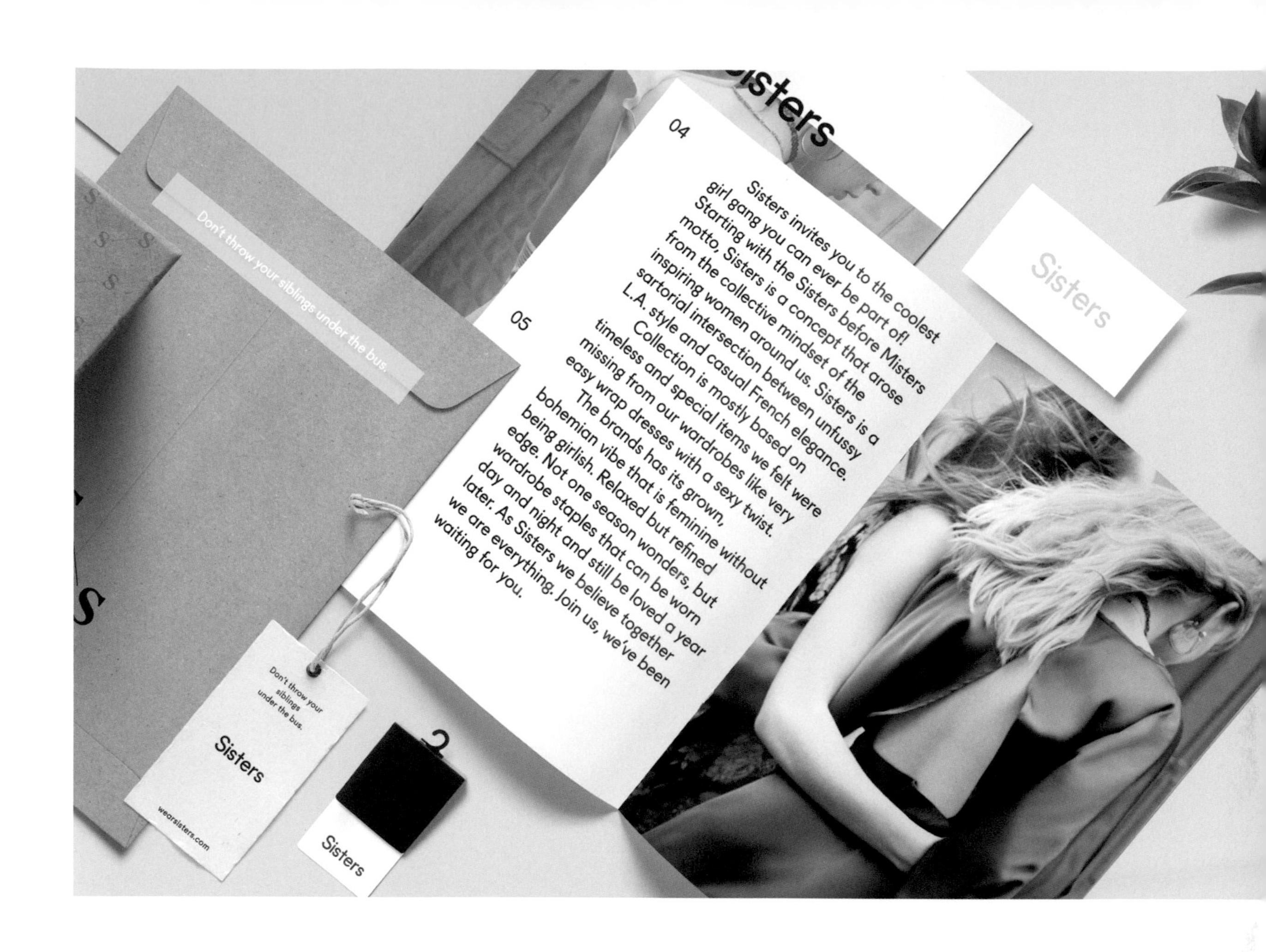
Sisters
04
Sisters invites you to the coolest girl gang you can ever be part of! Starting with the Sisters before Misters motto, Sisters is a concept that arose from the collective mindset of the inspiring women around us. Sisters is a sartorial intersection between unfussy L.A. style and casual French elegance.
05
Collection is mostly based on timeless and special items we felt were missing from our wardrobes like very easy wrap dresses with a sexy twist.
The brands has its grown, bohemian vibe that is feminine without being girlish. Relaxed but refined edge. Not one season wonders, but wardrobe staples that can be worn day and night and still be loved a year later. As Sisters we believe together we are everything. Join us, we've been waiting for you.
Sisters
Don't throw your siblings under the bus.
Don't throw your siblings under the bus.
Sisters
wearsisters.com
Sisters

S
S
wearsisters.com
Sisters don't judge each other. They judge other people, together.
Sisters
Sisters are like good bras. Supportive & always close to heart.
Sisters

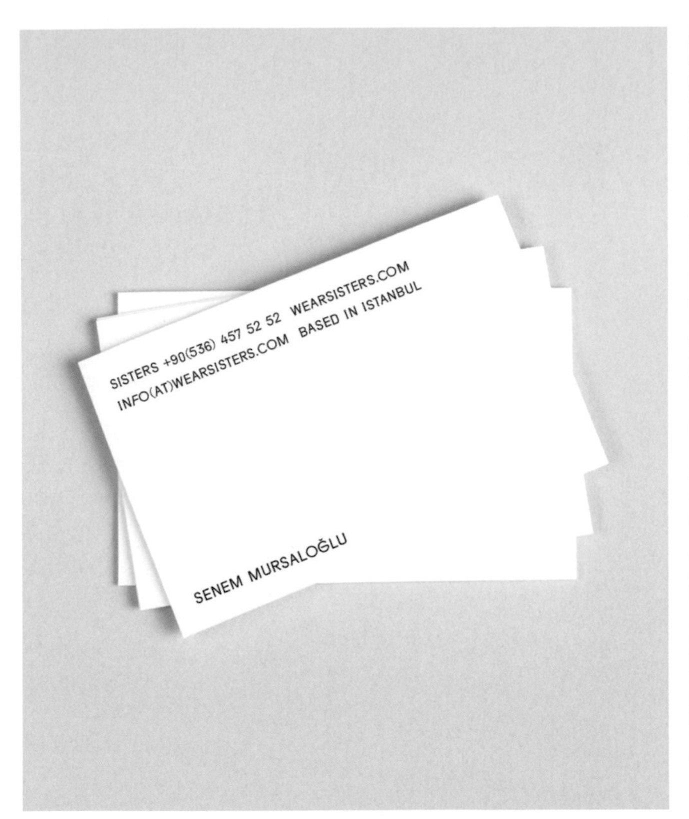
SISTERS +90(536) 457 52 52 WEARSISTERS.COM
INFO(AT)WEARSISTERS.COM BASED IN ISTANBUL
SENEM MURSALOĞLU

Don't throw your siblings under the bus.
Sisters
S—S
www.wearsisters.com

Sisters
Sisters are like good bras.
Supportive & always close to heart.
Don't throw your siblings under the bus.
Sisters
wearsisters.com

A girl gang that we can all be part of, an unspoken team between us.
S
S

Sisters
Don't throw your siblings under the bus.
↓
Bonded

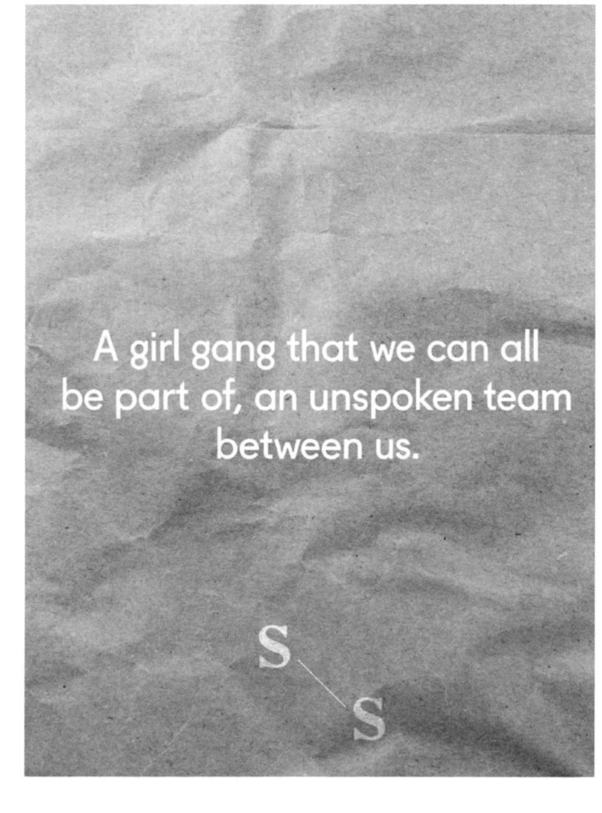
A girl gang that we can all be part of, an unspoken team between us.
S
S

Don't throw your siblings under the bus.
Sisters

Halcyon

Location 地點
Ho Chi Minh City, Vietnam 越南 胡志明市

Design 設計
Eldur Ta

Art Direction 藝術指導
Eldur Ta

Photography 攝影
Eldur Ta

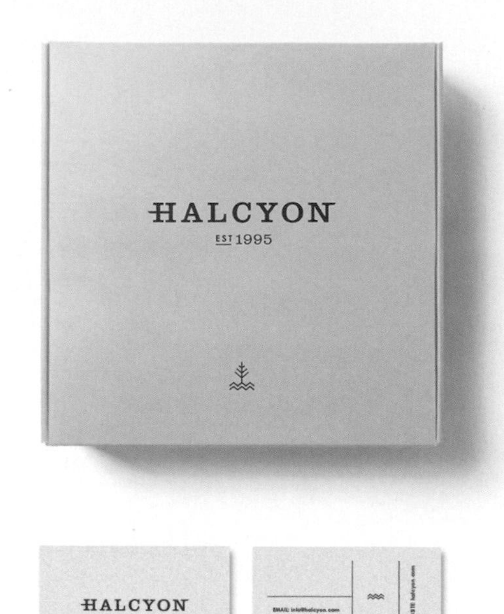

男裝品牌 Haylcyon 試圖在每一季服裝中注入消費者的特質，像是優雅、摩登、世故和穩重，因此在品牌設計上，選擇了 4 種充滿季節感的顏色，並使用幾何鋸齒的之字形線條設計 4 款商標。這個概念從 Halcyon 的產品，貫穿到視覺識別和網站設計，讓 Halcyon 具備獨特性格，從其他競爭品牌中脫穎而出。

HALCYON
EST 1995
Spring
Summer
Autumn
Winter

HALCYON
Spring

Spring
Silk
Wool
WEBSITE: halcyon.com
Winter
Mohair
WEBSITE: halcyon.com
HALCYON
EST 1995
Summer
QX50
WEBSITE: halcyon.com
Autumn
Super
120s
WEBSITE: halcyon.com

HALCYON
EST 1995

HALCYON
EST 1995

HALCYON
HOME
COLLECTION
FAVOURITE
CONTACTS
autumn
ADD TO FAVOURITE
Keep It In Check
Keep Rollin'

HALCYON
What
is Halcyon?
Why
seasons?
Our
philosophy

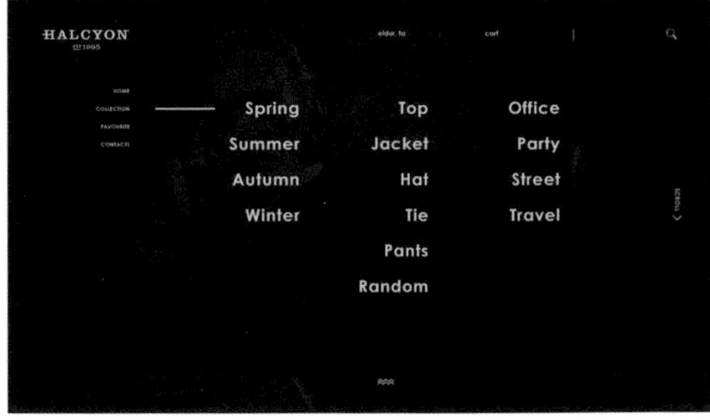
HALCYON
Spring
Summer
Autumn
Winter
Top
Jacket
Hat
Tie
Pants
Random
Office
Party
Street
Travel

Nude Studio

Location 地點
Monterrey, Mexico 墨西哥 蒙特雷

Design Agency 設計單位
Parámetro Studio

Art Direction 藝術指導
Parámetro Studio

Photography 攝影
Ana Hinojosa

高端精品店 Nude Studio 專為追求成長的女性打造，在塑造品牌形象時，設計師選擇了鮮明的裸色調搭配紙質、混凝土、透明膠片、動物皮草，並運用人氣不敗的黑白雙色，這些同時也應用在室內設計上。另外使用無襯線（sans-serif）字體，以及字距的實驗性間隔手法，讓品牌形象非常獨特又摩登。

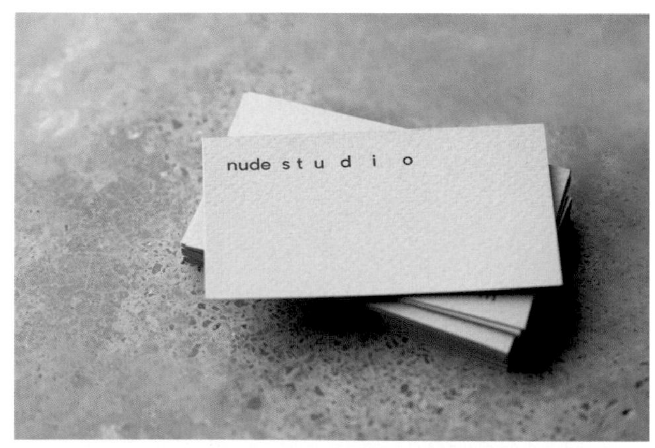

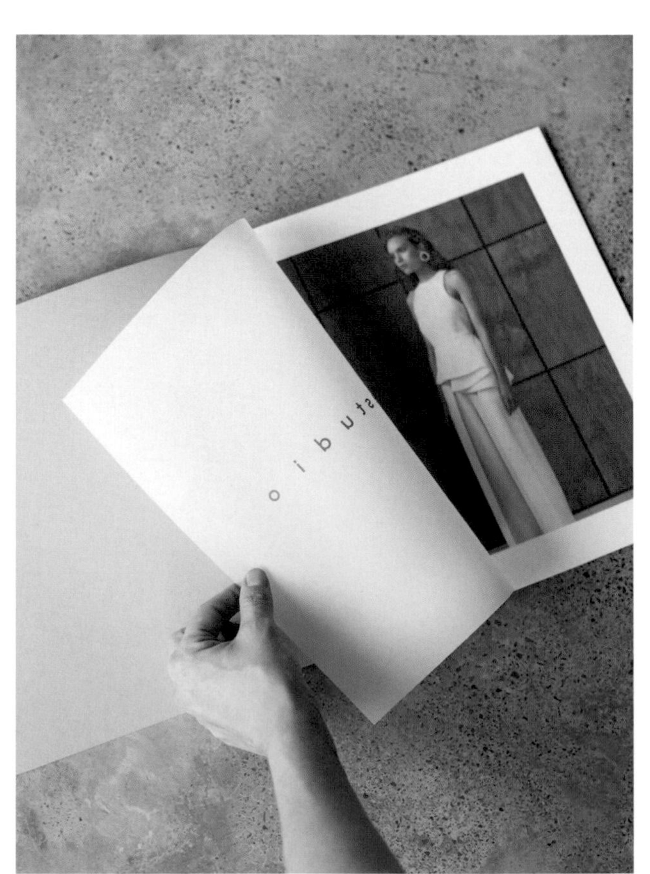

nude s t u d i o
rio colorado #211
nudewearapparel.com

nude

nude

nude studio
nude s t u d i o

I Am Studio

Location 地點
Moscow, Russia 俄羅斯 莫斯科

Design Agency 設計單位
The Bakery Design Studio

Art Direction 藝術指導
The Bakery Design

Photography 攝影
Nastya Chamkina, I AM Studio

I AM Studio 成立於 2012 年，是俄羅斯在地許多發展成熟、風格鮮明的時尚品牌中，最具盛名與前瞻性的代表之一。形象識別反映了品牌特質：樣式簡約、標誌鮮明，極其簡單的「字標」集結了精細挑選的配色與裝飾藝術啟發的編排設計，描繪出女性化卻又前衛、現代感卻又實穿，以及簡約卻暗藏心機的品牌特質。這樣的符號詮釋讓 I AM Studio 的形象，從時髦轉型成優雅，吸引到更多群眾。隨著越發國際化的業務拓展，品牌的未來也一如往常的光明璀璨。

I AM STUDIO
MOSCOW

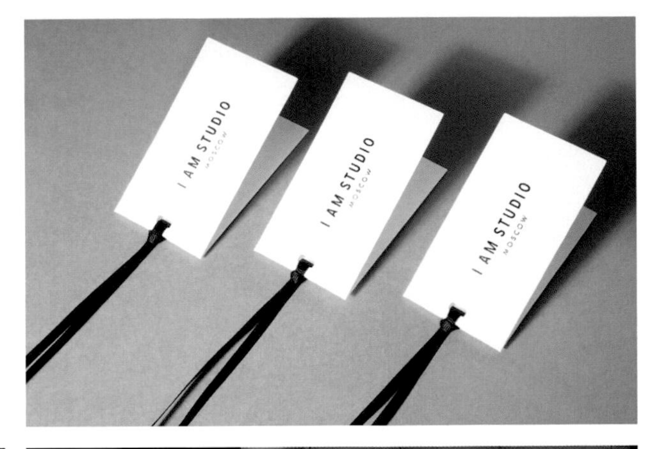
I AM STUDIO
MOSCOW
I AM STUDIO
MOSCOW
I AM STUDIO
MOSCOW

I AM STUDIO
MOSCOW

Lacunne Artwear

Location 地點
Nuevo León, Mexico 墨西哥 新萊昂州

Design 設計
Art Labore

Art Direction 藝術指導
Art Labore

Photography 攝影
Estudio Tampiquito

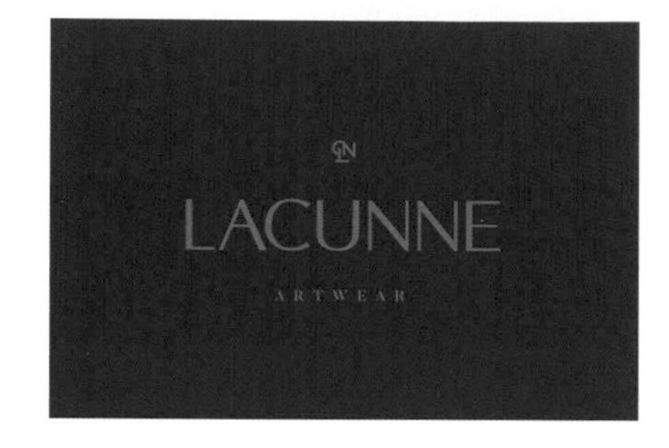

Lacuune 是一家成立於墨西哥聖佩羅加薩加西亞的高級精品店，品牌自成一格，同時販售奢華單品與當代流行風格。Lacunne 名字來自潟湖的拉丁語 lacuna 一詞，意味著「失落的部分」，這也是品牌名稱的由來，代表著為消費者衣櫃與生活中缺少的那部分而生。

品牌形象的設計靈感啟發自畫家莫內，擷取莫內畫作可見的罌粟花與潟湖，將這些元素延伸成 Lacunne 的配色與代表性圖騰的創作來源。

LACUNNE

LACUNNE
ARTWEAR
L A

L A C U N N E
LACUNNE

Strigo

Location 地點
Guadalajara, Jalisco,
Mexico 墨西哥 哈利斯科州 瓜達拉哈拉

Design 設計
Guillermo Castellanos

Art Direction 藝術指導
Moisés Guillén

Photography 攝影
Daniel Lyono

另類服飾品牌 Strigo，受到印奧板塊區域文化的影響，品牌名稱發想自「鴞形目」（strigiformes）也就是貓頭鷹，這種鳥種類遍佈五大洲，分別有著不同樣貌與含意。另一個影響品牌形象的還有中世紀歷史，在這段時期相信「透過信仰看到理性，才能達到真正的智慧」，正是這樣的時代精神與貓頭鷹的夜行者形象結合，為品牌注入生命力：「帶有智慧的鳥，會將智慧延伸到展翅所及之處。」

這個特別的服裝品牌用「展翅高飛」重新詮釋，進而吸引了那些追求簡約而前衛風格的人。品牌形象則交由來自瓜達拉哈拉的設計團隊打造，在設計上使用了醒目的色彩、幾何元素以及貓頭鷹等元素。

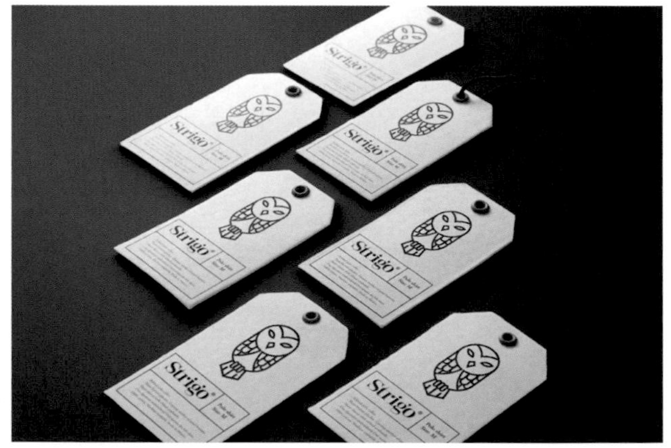

當黑灰色調為品牌注入粗獷砂礫感，白、金色調的搭配卻讓 Strigo 顯得貴氣而獨特。用來當作商標的貓頭鷹圖像在表達品牌特質的同時，被大量簡化，結合各種線條與半圓圖形，乍看就像新時代的旗幟或家徽，幾何圖形代表著智慧與品味。力求與眾不同，Strigo 的服裝不太像人們見過的其他品牌，在風格上卻同樣乾淨俐落、線條粗獷。

Strigo

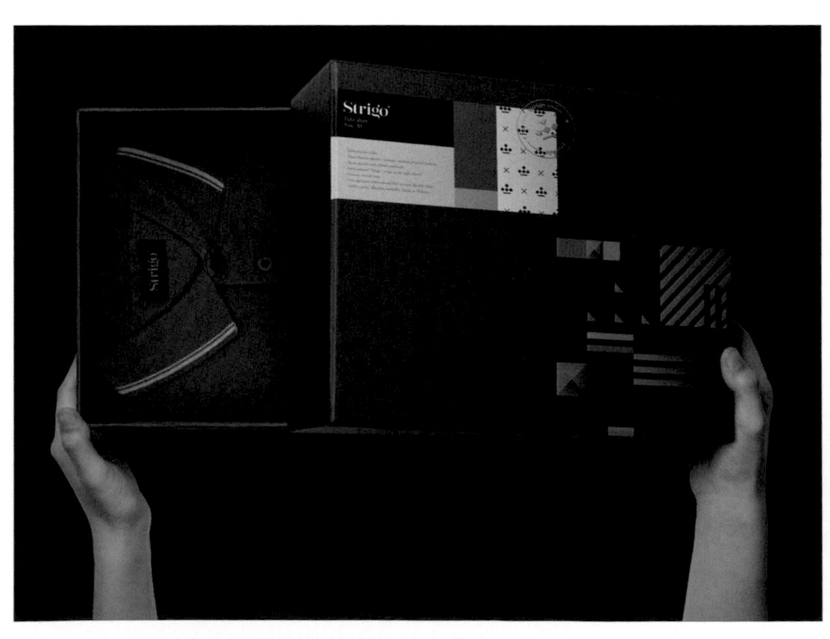
Strigo

Strigo®

Strigo
Strigo

Cotton Love

Location 地點
UK 英國

Design Agency 設計單位
Founded

Senior Design 資深設計
Mark Fleming

Art Direction 藝術指導
Anthony Cantwell

英國獨立時裝品牌 Cotton Love，專注於創造兼具機能性與精緻度的服裝。

設計事務所 Founded 為他們打造了一個自信而堅定的字標版型設計，抽離出其中的字體細節 — 兩個只有一半相對的字母T，並從中延伸出重複的圖案。

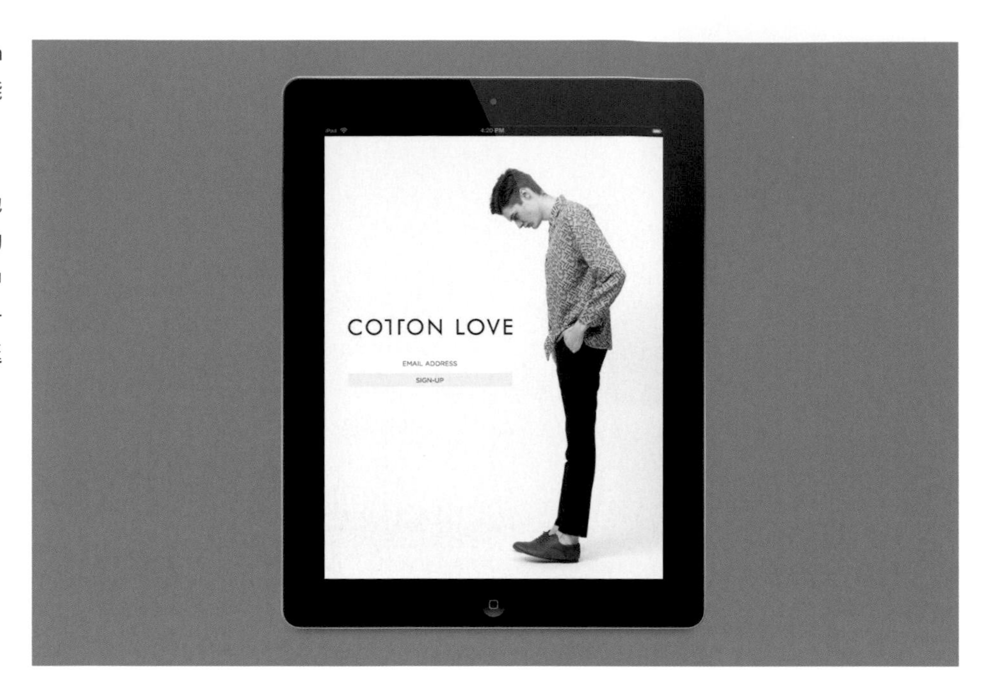

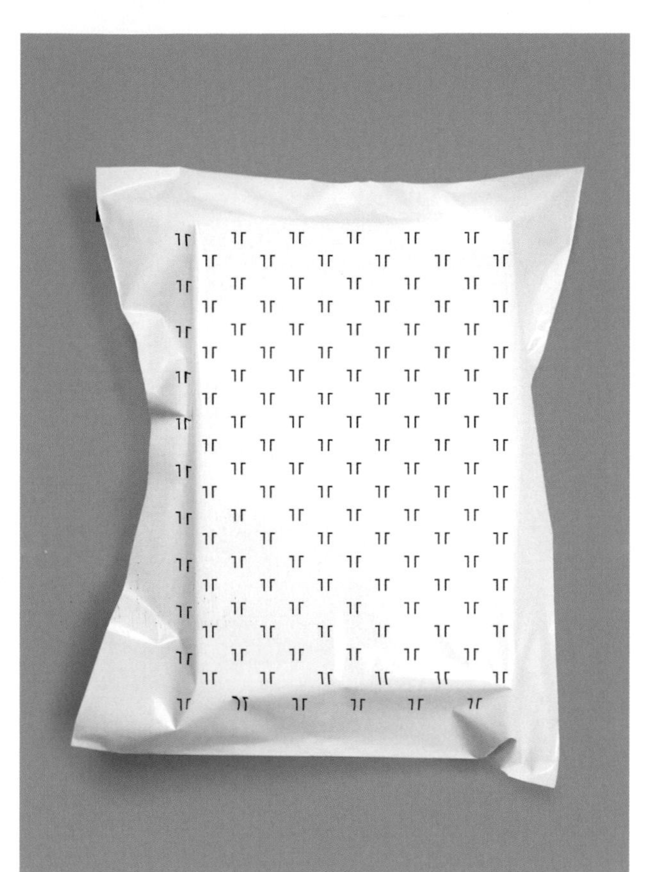

COTTON LOVE

COTTON LOVE

DANH HIEN JEWELERS

Location 地點
Ho Chi Minh City, Vietnam 越南 胡志明市

Design Agency 設計單位
Bratus

Design 設計
Hai Au, Tung Dao, Jimmi Tuan

Art Direction 藝術指導
Jimmi Tuan

Photography 攝影
Eric Huynh

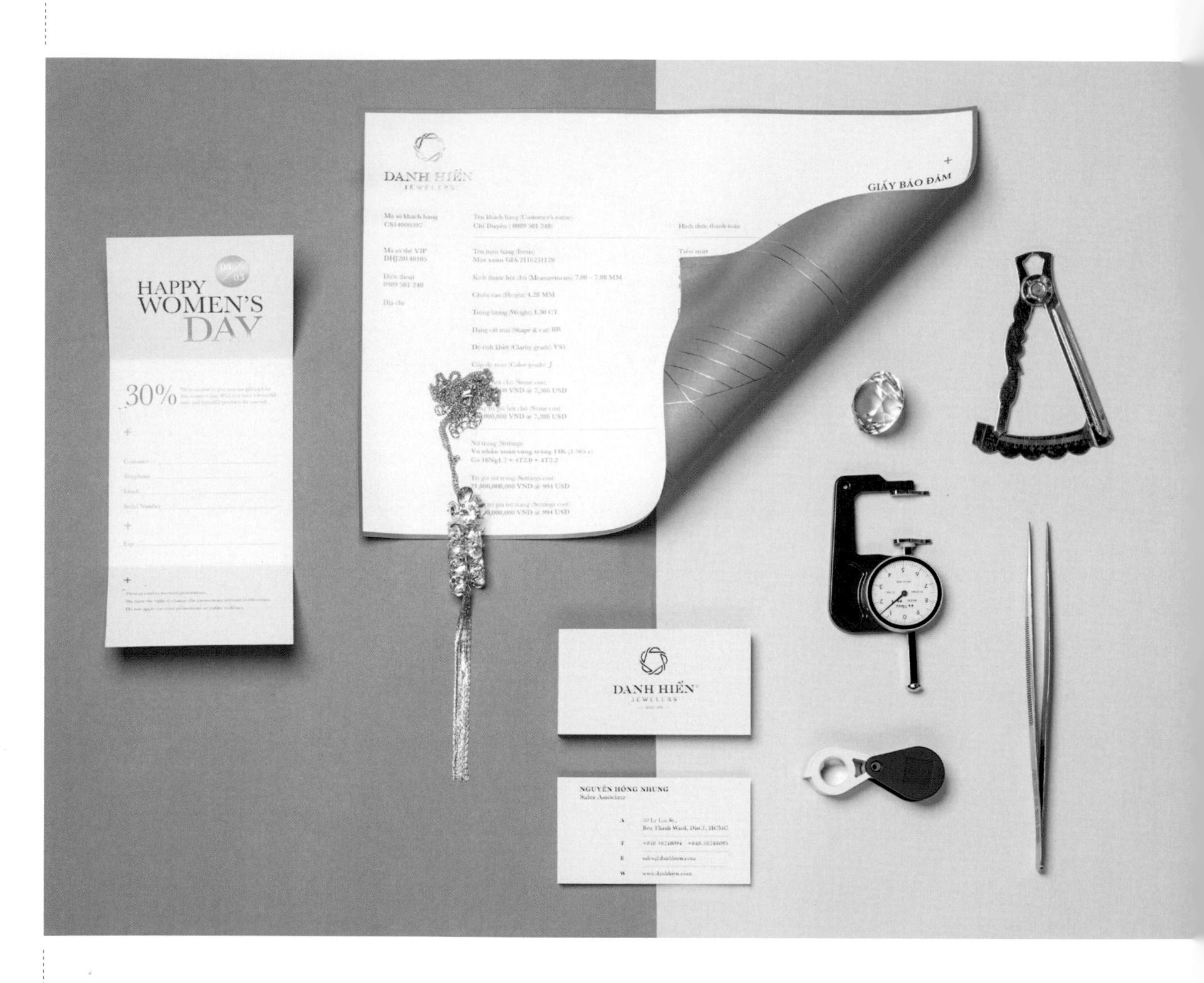

成立於 1950 年代的 Danh Hien Jewelers，是個傳統的手工鑽石珠寶品牌。設計公司 Bratus 接到任務要為他們開發全新商標，設計出讓人耳目一新的品牌形象，兼顧奢華與摩登面向，並展現品牌的傳統、獨特跟專注細節。因此，設計公司選擇結合品牌名稱、鑽石的俯視視角還有凱爾特藝術 (Celtic art)，打造幾何風格的商標；在品牌視覺方面，設計靈感來自寶石的結構與塊狀線條。在「規則感」與「優雅」雙軌並行的視覺前提下，上述元素彼此連結，讓商標可以在各種層面上都被靈活運用。

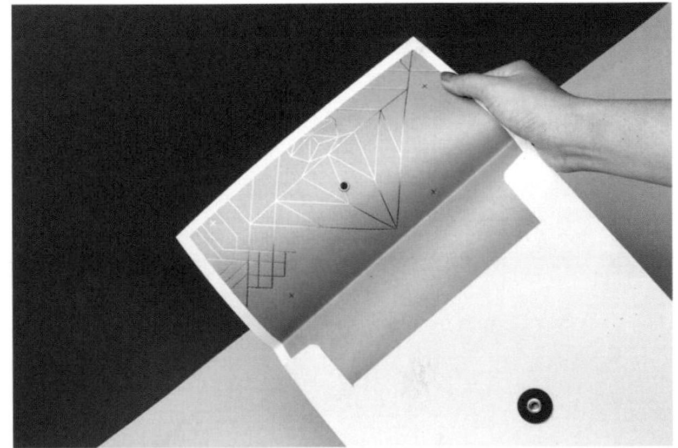

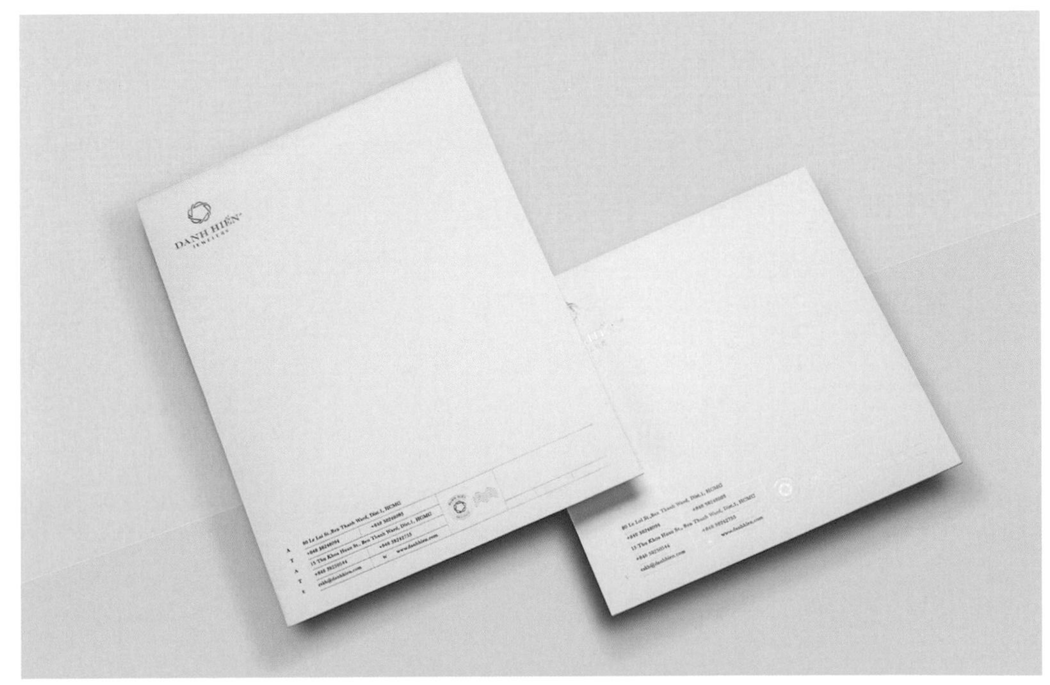

DANH HIẾN
JEWELERS

We cordially invite you
FOR
DATE
TIME
LOCATION
R.S.V.P
DANH HIẾN
JEWELERS
an
INVITA–
TION
www.danhhien.com

GIẤY BẢO ĐẢM
Hình thức thanh toán
Tiền mặt
Chuyển khoản
Thẻ
Có tính phí
Không tính phí
ĐIỀU KIỆN TRAO ĐỔI
an
INV
TIO
DANH HIẾN
JEWELERS

DANH HIẾN
JEWELERS
TRANG SỨC
TRANG SỨC KIM CƯƠNG
TRANG SỨC ĐÁ MÀU
TRANG SỨC CƯỚI.
THÔNG TIN CHUNG
Chi tiết
CẨM NANG MUA SẮM
Chi tiết
HƯỚNG DẪN SỬ DỤNG
Chi tiết
CHÍNH SÁCH
Chi tiết

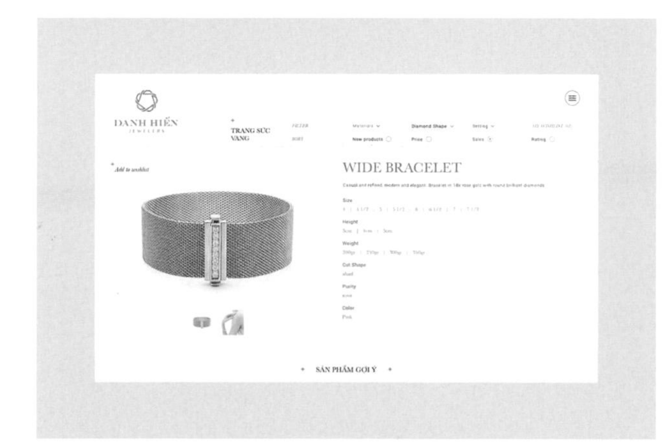
DANH HIẾN
TRANG SỨC VÀNG
WIDE BRACELET
SẢN PHẨM GỢI Ý

DANH HIẾN
1960
1965
The
STORY OF
DANH HIEN
JEWELERS

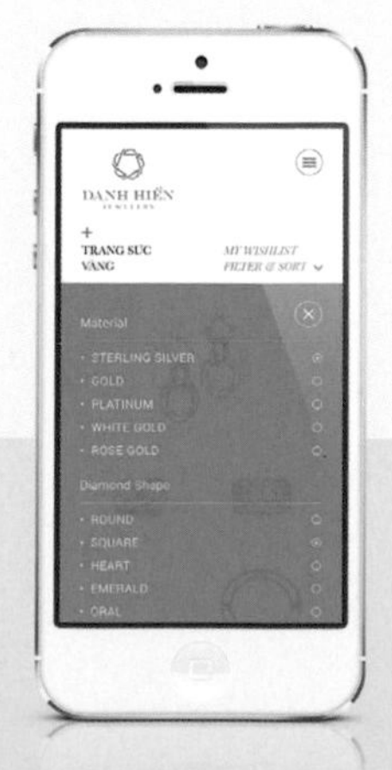
DANH HIẾN
TRANG SỨC VÀNG
Material
STERLING SILVER
GOLD
PLATINUM
WHITE GOLD
ROSE GOLD
Diamond Shape
ROUND
SQUARE
HEART
EMERALD
OVAL

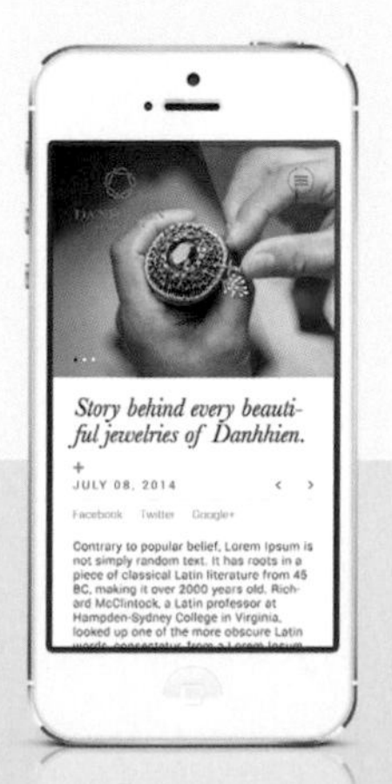
Story behind every beautiful jewelries of Danhhien.
JULY 08, 2014
Facebook Twitter Google+
Contrary to popular belief, Lorem Ipsum is not simply random text. It has roots in a piece of classical Latin literature from 45 BC, making it over 2000 years old. Richard McClintock, a Latin professor at Hampden-Sydney College in Virginia, looked up one of the more obscure Latin

DANH HIẾN
MY WISHLIST
ELSA PERETTI SNAKE RING
TIFFANY SOMERSET CLASSIC WIDE RING
REMOVE
REMOVE

Aloha Gaia

Location 地點
Moscow, Russia 俄羅斯 莫斯科

Design Agency 設計單位
The Bakery Design Studio

Art Direction 藝術指導
The Bakery Design Studio

Photography 攝影
Nastya Chamkina

珠寶品牌 Aloha Gaia 在俄羅斯進行品管，但銷售點起自泰國，從品牌開始的第一天，主要發展就是專注於探討人類與大自然之間的連結。 Aloha Gaia 官網上是這樣寫的：「珠寶創作過程中，最有趣的事情是了解它的用處，它想解決的疑問；當然還有它啟發他人的方式。」而河流、高山、海洋還有草木，大自然的姿態在品牌創意發想過程中扮演著核心角色。

設計公司 Bakery 為品牌創造全新商標，保留相當比例的異教徒風格，但看起來更為精緻。設計師也參考使用傳統墨流藝術（suminagashi）的染印技法，好將 Aloha Gaia 系列用到的寶石、彩石，轉印在知名製紙商 Arjowiggins 生產的 Conqueror 鋼骨棉紙上，做成品牌的識別包裝。

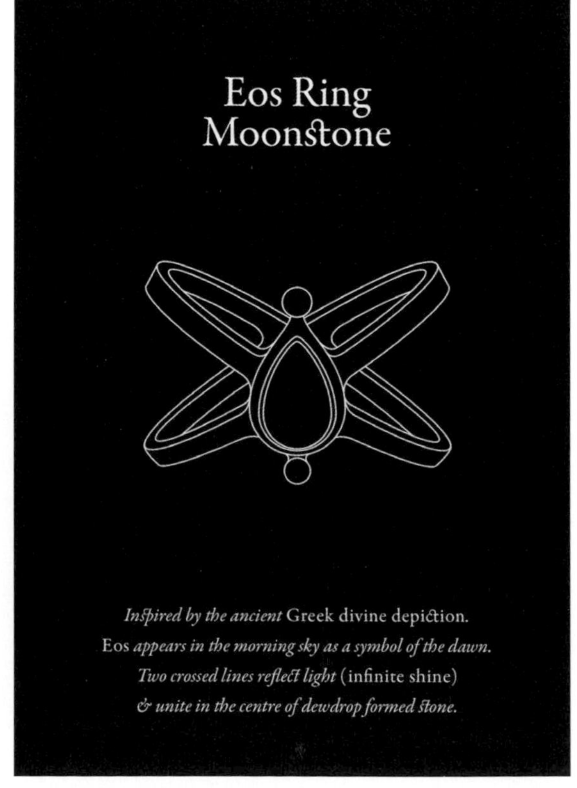

Aloha Gaia
New collection
now in store
Shop online at alohagaia.com

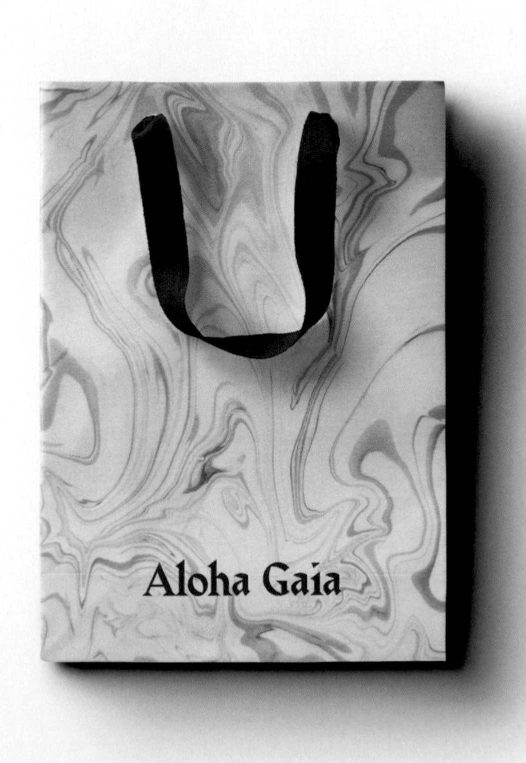
Aloha Gaia

Aloha Gaia
Aloha Gaia
Aloha Gaia
Aloha Gaia
Aloha Gaia

Aloha Gaia

Aloha Gaia

Aloha Gaia

Aloha Gaia

Aloha Gaia

Aloha Gaia
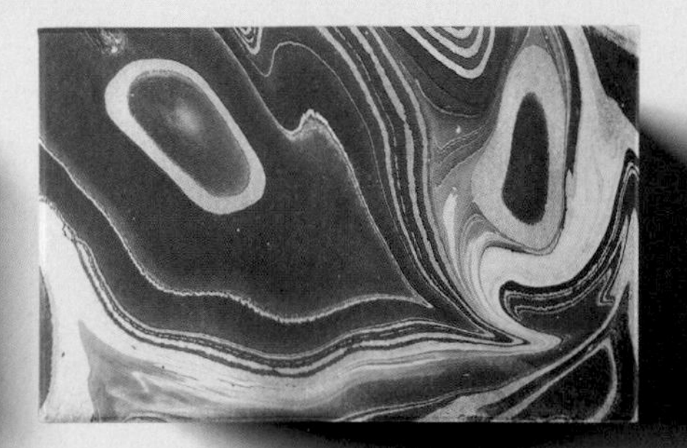
Aloha Gaia

Quiet Storms

Location 地點
New York, USA 美國 紐約

Design Agency 設計單位
Studio AH—HA

Art Direction 藝術指導
Studio AH—HA

Photography 攝影
Diogo Alves

珠寶店 Quiet Storms 位於紐約威廉斯堡，為了有更好的購物體驗，設計師們打造了一個別具精緻質感的概念店。靈感來自「風暴」的各式視覺型態上的詮釋，無論是品牌的識別、視覺設計、包裝、社群內容走向等，全圍繞著「風暴」的資料庫打轉。

而當消費者瀏覽線上商店時，有如走進實體精品店般，虛擬沈浸式體驗，彷彿真實感受到項鍊、手環和耳環的造型搭配，特別是在搜尋產品的過程裡，讓你被環繞在原生與奢侈材料的觸覺詮釋，以及暴風雨主題的情境與色調之中。

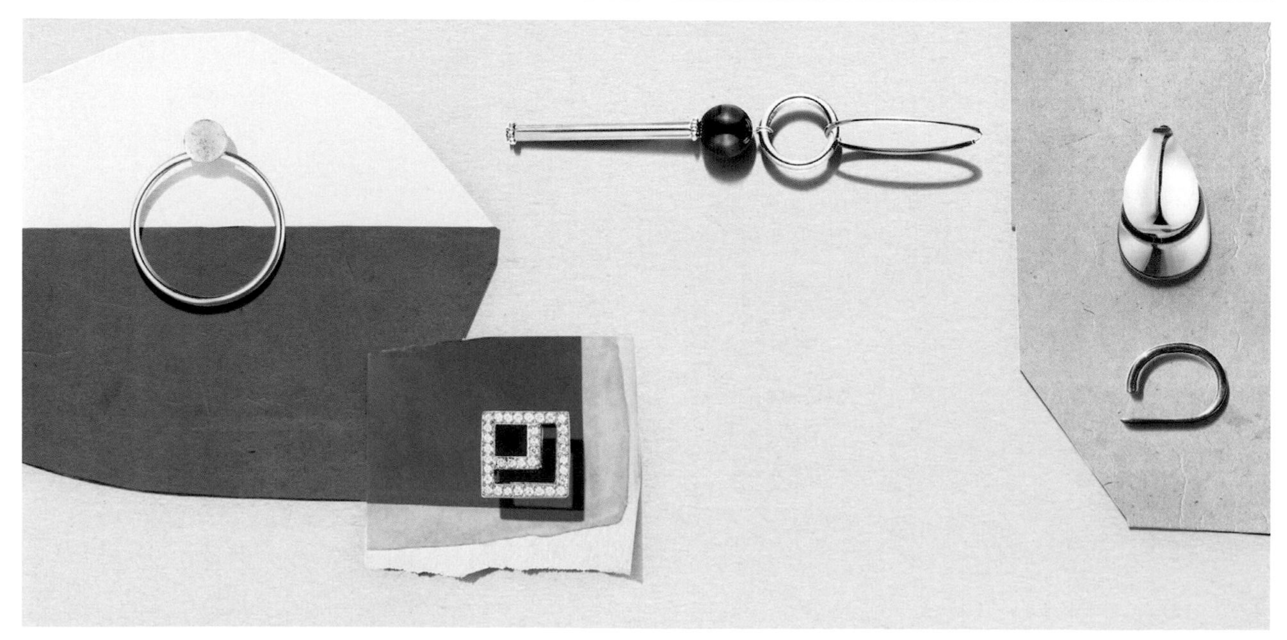

QUIET STORMS
QUIET STORMS
20% OFF
QUIET STORMS
OFF
OFF

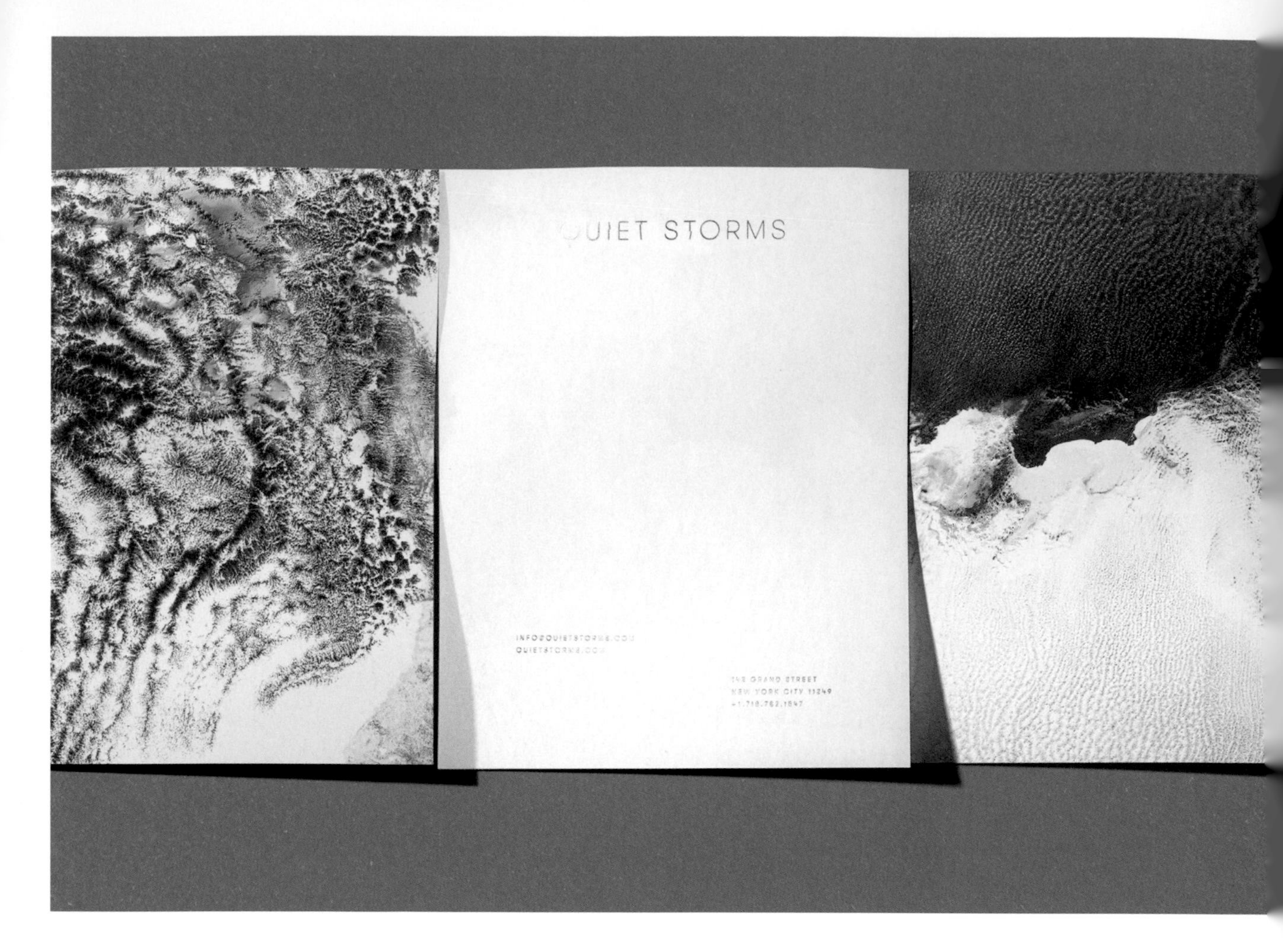
QUIET STORMS
INFO@QUIETSTORMS.COM
QUIETSTORMS.COM
GRAND STREET
NEW YORK CITY 11249

QUIETSTORMS.COM
QUIET STORMS

QUIET STORMS
QUIETSTORMS.COM
QUIETSTORMS.COM
QUIETSTORMS.COM
QUIETSTORMS.COM

L Jewelry

Location 地點
Shanghai, China 中國 上海

Design Agency 設計單位
RONGYU Brand Design

Design 設計
Li Junliang, Zhao Zedong, Hu Gaoliang

Art Direction 藝術指導
Liu Bingying

回溯 1927 年，上海是一個東西文化碰撞融合的指標性地區。在這段時間，許多藝術家頻冒出頭， 中國時尚風格甚至該說是「上海風格」也漸漸有雛形。

L Jewelry 就是這麼一個向古典與優雅的東方美學致敬的珠寶品牌，其所販售的每件珠寶首飾都以純熟的工藝製作。為了呼應品牌主題，RONGYU Brand Design 的設計團隊發展出一套劇本，從商標、字體字型，到包裝、網站甚至是室內設計，每一層面的視覺識別都洋溢著中國時尚色彩。即使隨著時光飛逝，珠寶品牌的風格將會永恆流傳。

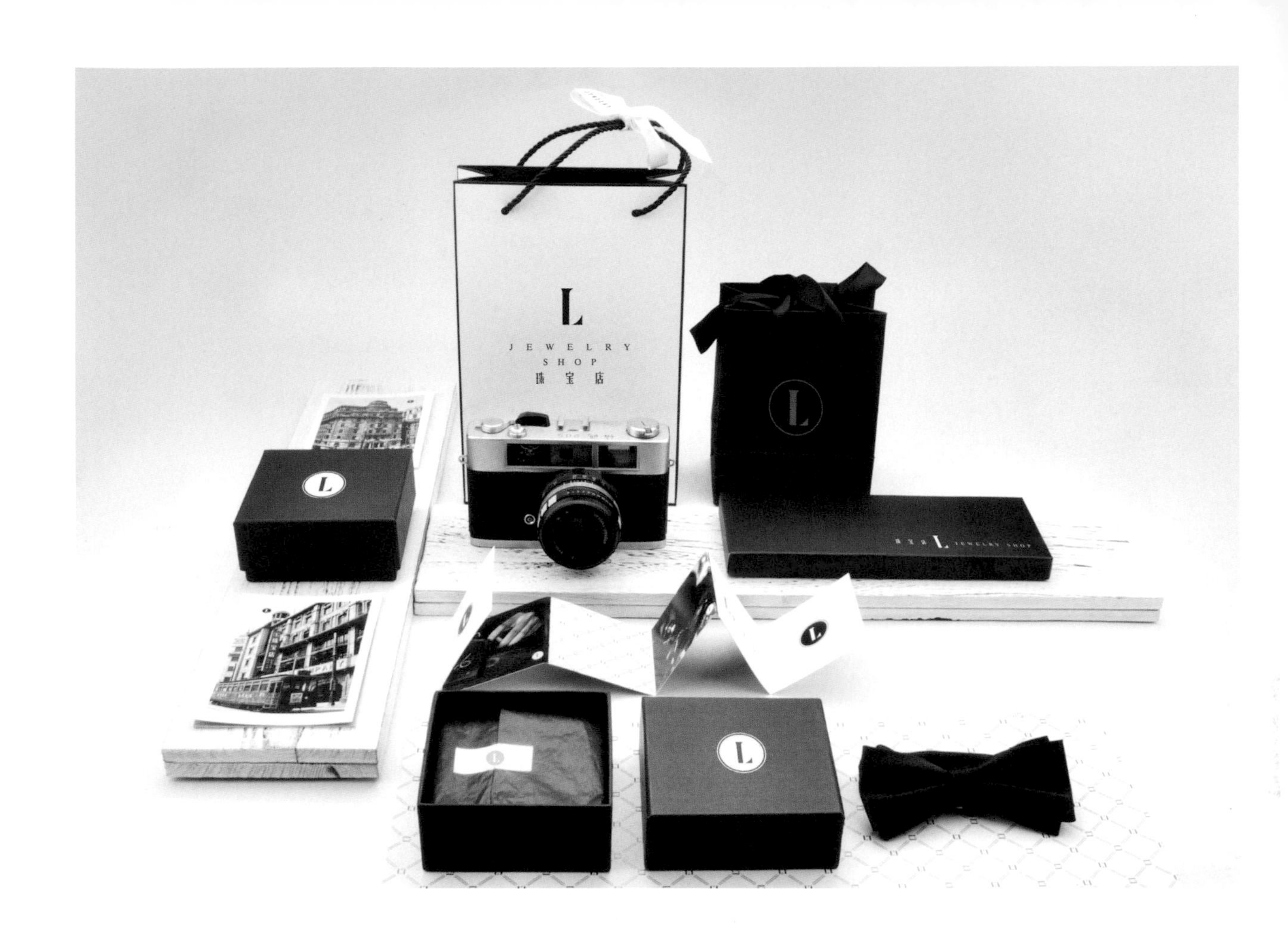
L
JEWELRY
SHOP
珠宝店

TOMWOOD

Location 地點
Oslo, Norway 挪威 奧斯陸

Design Agency 設計單位
Bleed Design

Art Direction 藝術指導
Bleed Design

Photography 攝影
Bleed Design

挪威的時尚品牌 Tom Wood，過去計畫拓展，但要變成什麼模樣或是發展得多有規模，始終有無數問號，一直處在模糊階段。迅速參與品牌企劃的設計公司 Bleed Design 表示：「不管是我們還是品牌，都在努力拉抬品牌價值與形象。」

所以，從一開始兩方便緊密合作，將概念雛形落實到衣服的包裝、衣標、商標和網站等設計，到後來 Bleed 塑造的形象質感在百花爭豔的市場裡，確實帶給 TOMWOOD 堅實的基礎與能見度。

YME
Karl Johansgate 39
0157 Oslo, Norway
THE LINE
76 Greene Street, 3rd Floor
New York, NY 10012, US

TOMWOOD
Prinsensgate 20

MONA JENSEN
FOUNDER & CREATIVE DIRECTOR
+47 975 80 390
MONA@TOMWOODPROJECT.COM

TOMWOOD
EST. 2013

OSLO NORWAY
TOMWOODPROJECT.COM

r MONA JENSEN

Col. N15 Designer MONA JENSEN

PAROLES

Fondatrice
MONA JENSEN

J'ai travaillé en tant que consultante en stratégie (conception de l'identité d'une marque) pendant plus de 13 ans. En 2006, avec 3 amis nous avons décidé de lancer notre propre agence "Jimmy Royal".
Travailler en tant que Directeur Général pendant plus de 5 ans dans cette agence m'a donné une vision unique de ce qu'il faut faire lorsqu'on démarre sa propre entreprise. C'est beaucoup de travail au quotidien. Et j'ai tendance à aimer ça.
Mon travail est ma passion. En 2012, j'ai eu envie de me challenger et j'ai pensé que mon expérience et mon réseau seraient un excellent tremplin pour créer ma propre marque. D'ailleurs, je tiens à remercier toutes les personnes qui m'aident dans cette nouvelle aventure. Cela a été fantastique de voir à quel point tout le monde a répondu présent. Le nom de Tom Wood c'est en quelque sorte mon alter-ego. J'aime le fait d'avoir un nom derrière lequel je peux me cacher, comme le font par fois certains écrivains. C'est aussi un excellent moyen d'expliquer les valeurs de la marque en décrivant Tom Wood comme un personnage réel. J'ai pensé que Tom Wood était un nom intéressant et un peu mystérieux.
Tom Wood est un vrai bonhomme avec un côté extraverti et qui influence tout son entourage. Il est celui qui raconte de belles histoires dans le bar entouré d'une bande de copains et qui rentre chez lui en fin de soirée avec la plus belle fille. Il voyage beaucoup, boit du whisky et conduit une moto. Je suppose que les mecs le trouvent cool et les filles ont le béguin pour lui. Vous voyez le tableau?
Je suis inspiré par des marques internationales et au design nordique. Je voyage beaucoup et pioche des idées dans la sphère de la mode à travers ma veille quotidienne des blogs et magazines. Je fait cela depuis tant d'années maintenant. Quant au lancement de la collection de bijoux Tom Wood, je me suis aussi intéressée à l'histoire de la bijouterie. La collection Patriot et l'exposition "Légendes de Tom Wood" qui s'est déroulée à Oslo dans le cadre du lancement de la marque ont été inspirées par tout cela. Mon syle tend à être moderne et graphique avec un accent sur la qualité, le savoir-faire et les beaux matériaux.
A Oslo, j'aime vraiment le quartier de Grunerlekka. L'atmosphère au printemps et en été est incroyable avec les cafés et bars à chaque coin de rue. Le meilleur café que j'ai pu boire est au Stockfleths. Ils ont des coffee shops dans toute la ville. Pour les cocktails, j'aime beaucoup AkuAku, Fuglen ou le bar Hanami (dans le quartier de Tjuvholmen). TheThief est un hôtel fabuleux avec une atmosphère internationale et l'emplacement est agréable avec les galeries d'Art et le musée Astrup Fernley à proximité. Aker Brygge est agréable et en été, vous pouvez prendre les bâteaux pour vous rendre sur les petites îles autour de la ville.
Pour le shopping, il y a plusieurs magasins indépendants à decouvrir en se promenant dans les différents quartier d'Oslo. Comme Eske (à Bislett), Babel (à Grunerlekka), STORY (à Bogstadveien / Industrigata), Freudian Kicks (à Posthallene) et No9 (à Frogner). Ils sont éparpillés un peu partout dans la ville et il est un peu difficile de localiser les boutiques indépendantes. Pour vous simplifier les choses vous pouvez vous rendre à Eger, le meilleur centre commercial pour le shopping dans le centre avec des articles de luxe et les marques de mode tendance pour les hommes et les femmes.
Je n'ai jamais été à Paris, mais il faut vraiment que j'y aille bientôt! Je vais utiliser parisoslo.com comme source d'inspiration, ça c'est sûr!

A/W COL 2016

OSLO

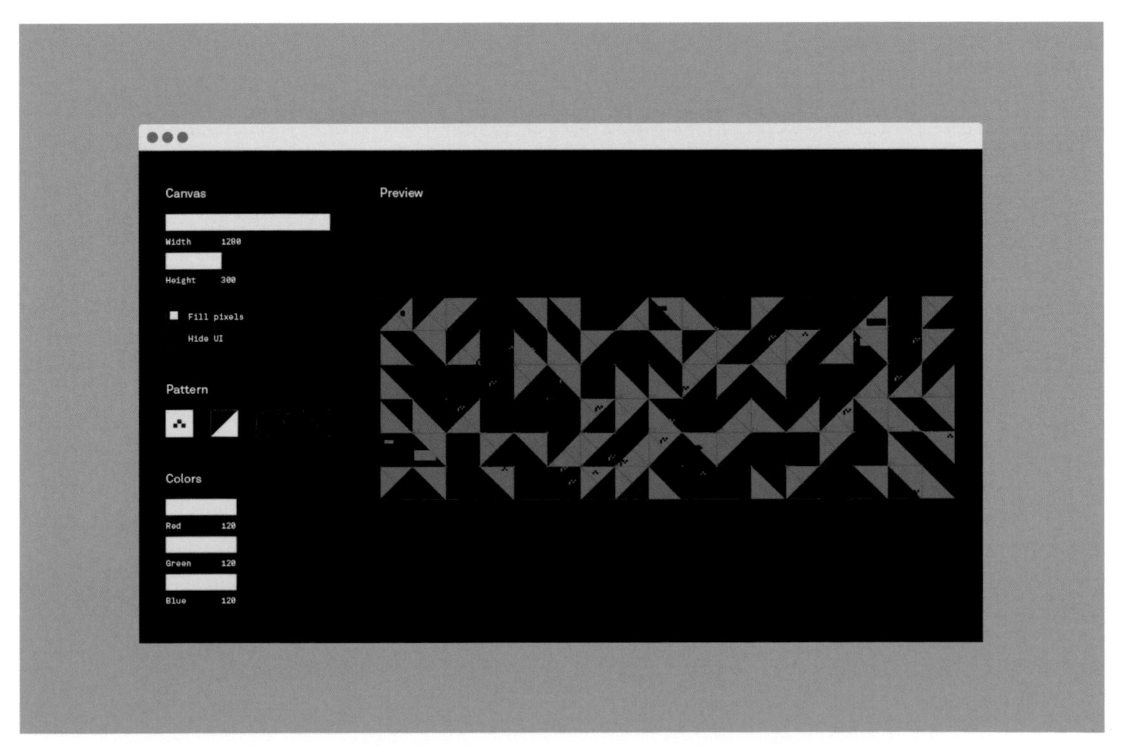

TOMWOOD
EST. 2013
OSLO NORWAY

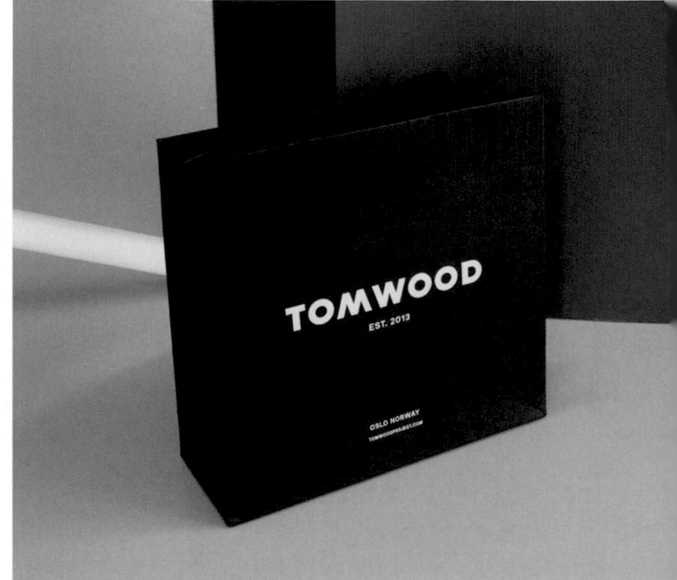
TOMWOOD
EST. 2013
OSLO NORWAY
TOMWOODPROJECT.COM

TOMWOOD

Visual Mass

Location 地點
Shanghai, China 中國 上海

Design Agency 設計單位
Bravo

Design 設計
Michelle Yong

Creative Direction 創意規劃
Edwin Tan

Visual Mass 是一個另類的眼鏡 / 驗光品牌，希望提供大眾市場合理價格的相關服務。從一家小小的販售攤位擴張到正式店面的轉變裡，設計公司 Bravo 的任務就是為品牌打造一個全新形象。

商標靈感發想自霓虹燈管並巧妙融入品牌縮寫。此外，考慮到店面空間有限，許多地方像是頭頂的置物空間，滑動門等配置則盡量減少不必要的設計。

ORDER & PRESCRIPTION FORM

NAME	CONTACT NO.
STAFF	ORDER NUMBER

	SPHERE	CYLINDER	AXIS	PRISM	ADD
R					
L					

PD DISTANCE NEAR

DATE OF EYE CHECK

☐ SINGLE VISION	☐ MID INDEX 1.56
☐ READING / COMPUTER	☐ HI INDEX 1.67
☐ PROGRESSIVE	☐ SUPER HI INDEX 1.74
☐ POLYCARBONATE	☐ TRANSITIONS
☐ TINTING 1 TONE (GREY / BROWN / OTHERS)	☐ TINTING 2 TONE (GREY / BROWN / OTHERS)

NO.	PURCHASE	PRICE	FULFILL
		$	
		$	
		$	
		$	

HYES STUDIO

Location 地點
Paris, France 法國 巴黎

Design 設計
Jefferson Paganel

Art Direction 藝術指導
Caroline Nedelec

Photography 攝影
Marie-Amélie TONDU, Nastasia Dusapin

HYES 是一個與巴黎時尚產業相關、跨領域創作的獨立工作室；品牌設計總是在追求美學兼具社會道德，為了清楚表達理念，設計師在塑造 HYES 形象的過程中，只透過輪廓、材質和面料的運用，營造一個純淨氛圍。

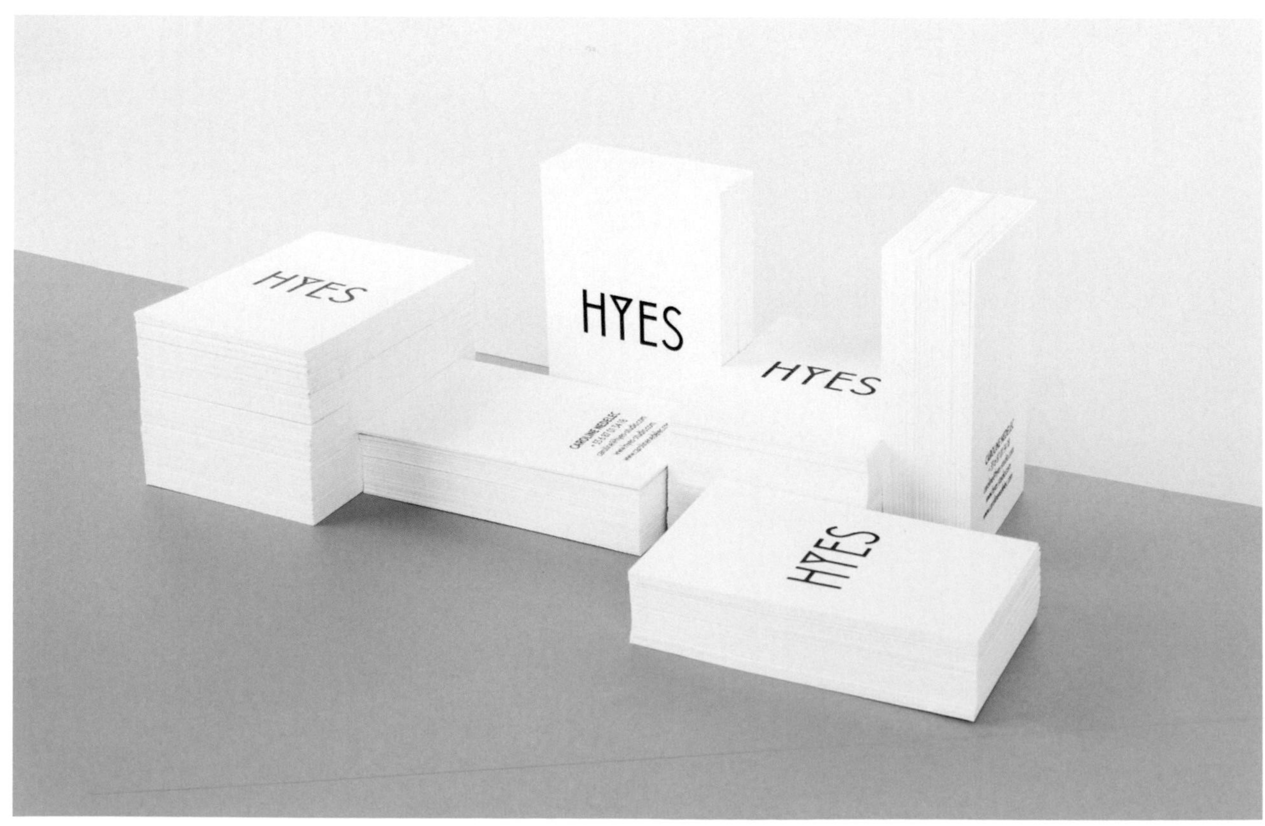

THANK YOU
OH
HYES

HYES
HYES
HYES

À PROPOS / ABOUT
HYES

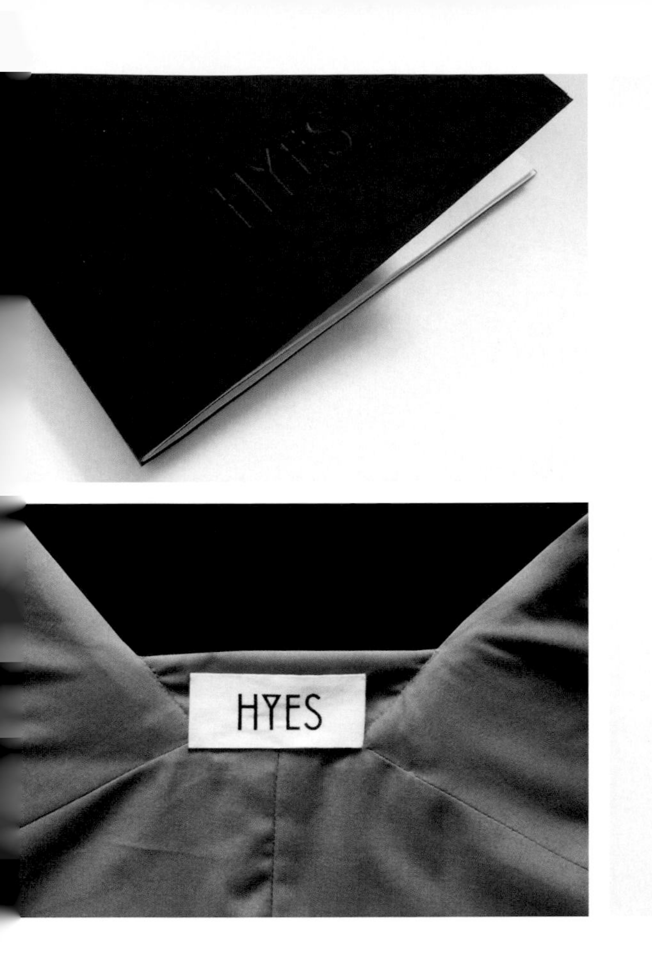
HYES

HYES
HYES
HYES
HYES

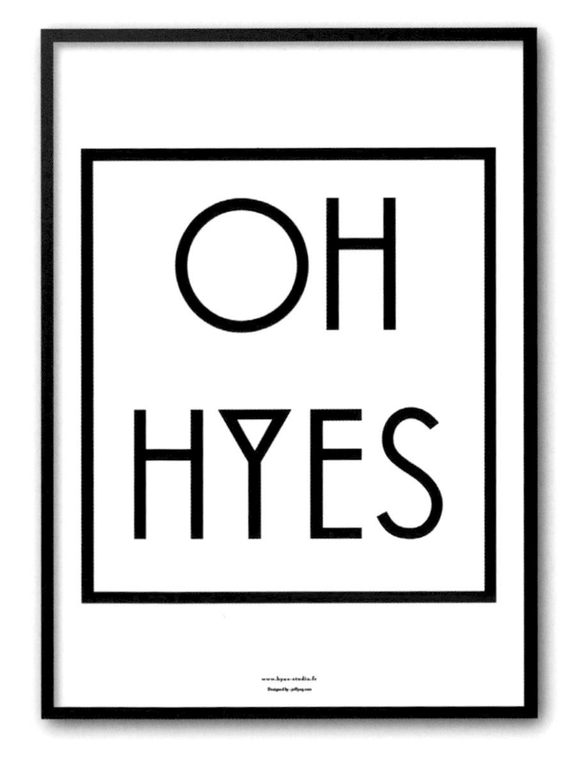
OH
HYES
I HYES
YOU HYES
HE HYES
SHE HYES
WE HYES
YOU HYES
THEY HYES

DOROTHEE SCHUMACHER

Location 地點
World-wide 全球

Design Agency 設計單位
Deutsche & Japaner

Art Direction 藝術指導
Deutsche & Japaner

Repros 攝影
Alexander Kilian

過去 20 年來，Dorothee Schumacher 已經成為德國最重要的時裝設計師之一，她的營業規模遍佈全球，包含安特衛普、慕尼黑和倫敦的旗艦店。為了全面性賦予品牌更多設計師個人魅力，品牌委派 Deutsche & Japaner 以設計師全名打造全新商標，並且全方位運用相關元素，像是標籤、包裝、店家招牌等，以及各種印刷品，充斥著該品牌特色。

DOROTHEE
SCHUMACHER

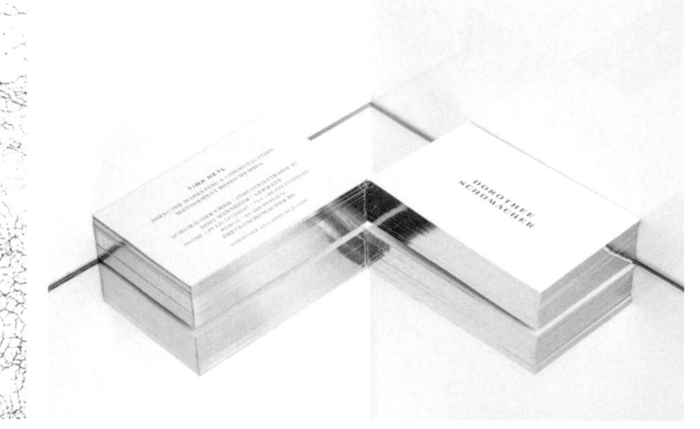

DOROTHEE
SCHUMACHER

DOROTHEE
SCHUMACHER

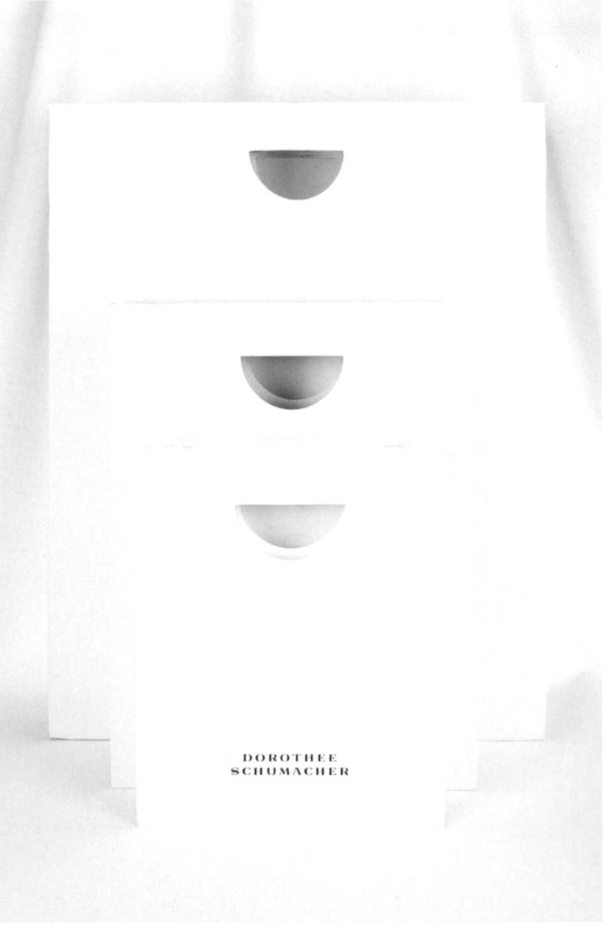
DOROTHEE
SCHUMACHER

CAPUCCI

Location 地點
Milan, Italy 米蘭 義大利

Design Agency 設計單位
Binomi

Design 設計
Bianca Baldacci

Photography 攝影
Mauro Baldacci, Bianca Baldacci
攝影版權為 Elisabetta Raggio 所有

在 2015 年初，高級訂製服設計師 Roberto Capucci 推出全新的成衣系列，並指派 Cinizia Minghetti 管理年輕的設計團隊，持續以當代品味詮釋原本的訂製服美學精神。設計公司 Binomi 重新形塑 Capucci 的企業形象，商標靈感來自創辦人知名的訂製禮服，蓓蕾形狀、優雅質感還有標誌性的玫瑰金色調；Binomi 更包辦了包裝、第一場時裝秀的發表邀請函、服裝型錄、文書用紙、網站，還設計了展現奢華氣質的絲綢圍巾，一切無不呼應著 Cappucci 代表高端時尚的獨特品牌形象。

CAPUCCI

CAPUCCI

Floravere

Location 地點
Los Angeles, USA 美國 洛杉磯

Design and Art Direction 設計與藝術指導
Marie Zieger

Logomark Illustration 商標繪製
Violaine & Jérémy

Selected Illustrations 精選插畫
Marion Kamper, Marie Zieger

Photography 攝影
Ali Mitton

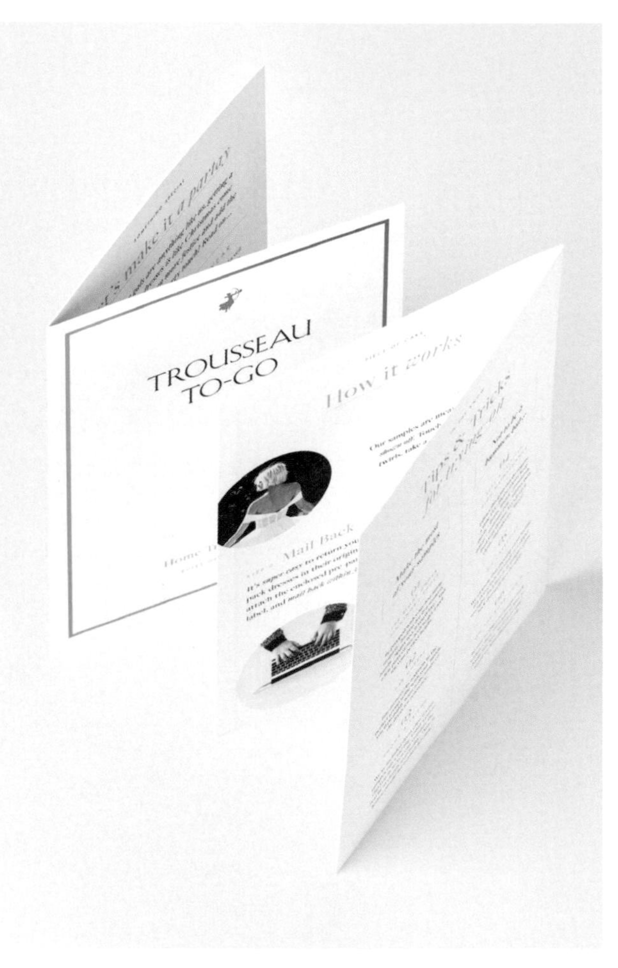

誕生於美國洛杉磯的奢華婚紗品牌 Floravere，提供量身打造的訂製禮服服務，可直接送到客戶家門。

設計師 Marie Zieger 與多位插畫家、攝影師合作，替品牌設計商標、形象視覺，以及許多不同類型的包裝小物和印刷品。

為了能展現 Floravere 本身時髦而不褪流行的魅力，運用和飛翔有關的仿舊插畫，替品牌注入輕盈與歡愉感，而特別以古希臘女神為核心基調，就是衷心希望如同每位穿上 Floravere 的新娘一樣，展露自我自信、力量與美麗。

FLORAVERE
LOS ANGELES

FINISHING
TOUCH

All you need is love
(and the lovely extras in this box)
Welcome to your #FloravereAffair. A fresh, distinct
RECLAIMING JOY.

FLORAVERE
LOS ANGELES
LA
For you, gorgeous
A. HALL
FLORAVERE
LOS ANGELES
R. GILMORE

How it works
Let's make it a party
TROUSSEAU
TO-GO
Home Try-On Guide
FLORAVERE
WWW.FLORAVERE.COM
E. BENNET

Heavens Geneve

Location 地點
Switzerland 瑞士

Design Agency 設計單位
For brands

Design and Art Direction 設計與藝術指導
Marcin Kaczmarek (For brands)

Account Executive 業務管理
Stephane Melan (VVS Group)

Heavens Geneve 一直試著在時尚暨奢侈品產業，促進和提升「瑞士出品」的高度，並企圖為品牌打造能夠凸顯永恆、高品質與當代美學的形象。設計師把重點放在品牌名的 7 個字母，打造經典優雅能夠經年傳世的字體。

Heavens 為追求奢華質感的當代女性，以最頂級的面料提供舒適休閒的服裝而聞名，因此品牌的各種印刷品所表現的細節，也都力求能夠呼應其向來的堅持。

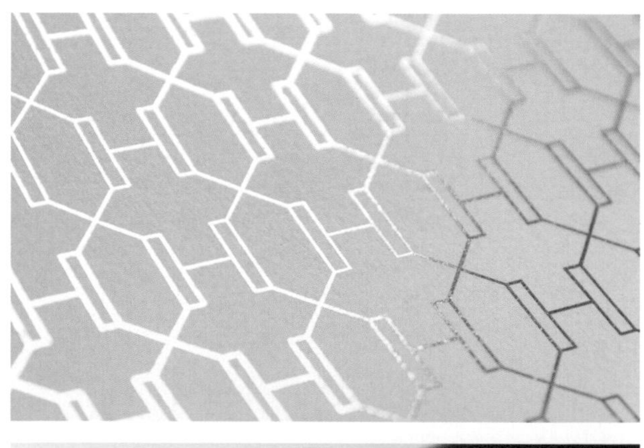

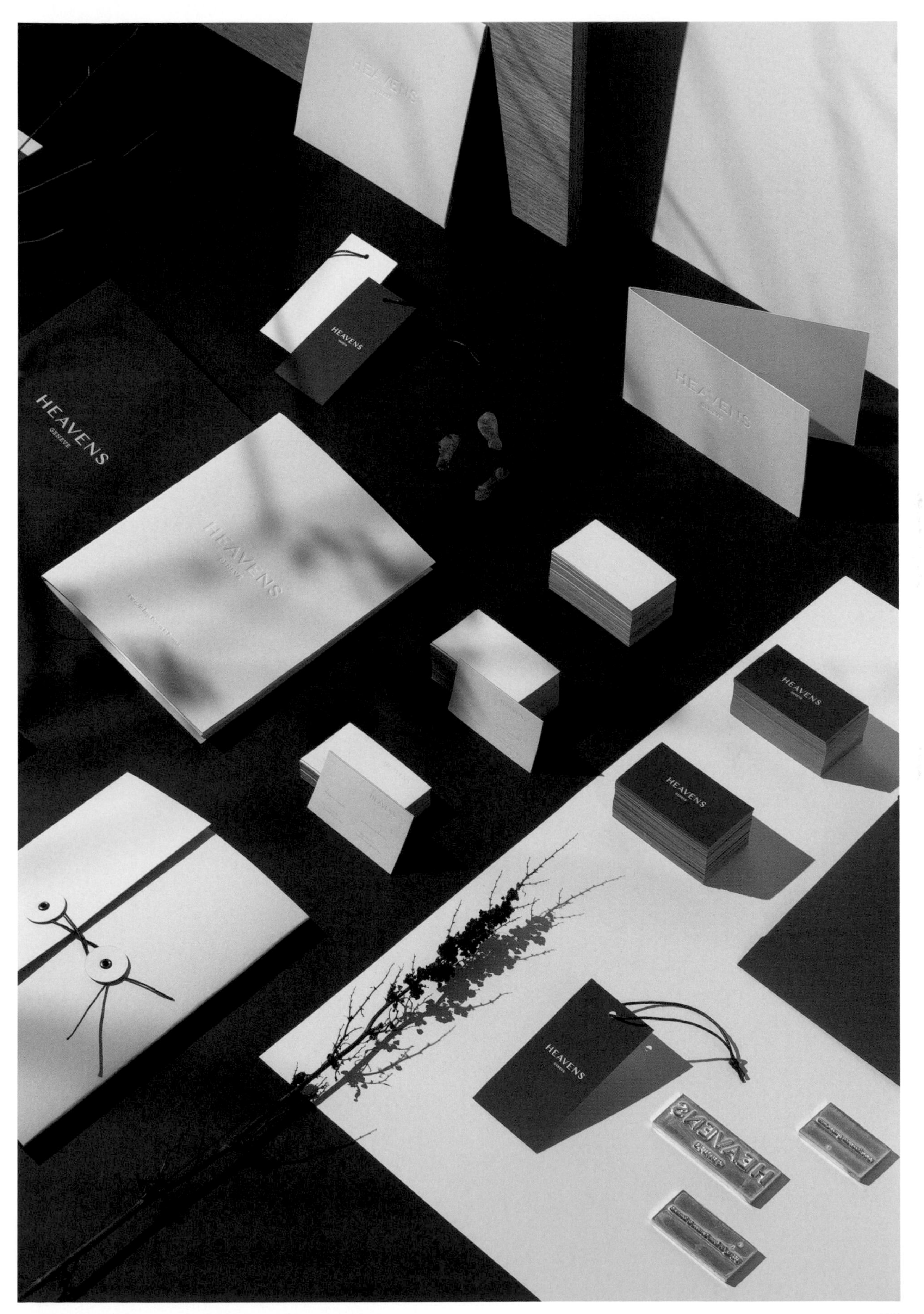
HEAVENS
GENEVE

Too Cool for School Tailors

Location 地點
Bogotá, Colombia 哥倫比亞 波哥大

Design Agency 設計單位
El Monocromo

Design 設計
Mónica Córdoba, Nicolás Galeano, Juan Pablo Mejía

Illustration 插畫
Stefhany Yepes & Alejandra Hernández

Design Direction 設計規劃
Juan Pablo Mejía

Project Direction 專案規劃
Simón Martelo

Photography 攝影
Juan Pablo Mejía

來自波哥大的 Too Cool For School，專做男士外套與大衣的訂製品牌，在探索當代男士如何定義服裝的過程中，品牌也在每個階段逐步理出自己一套服務系統。品牌在視覺呈現上，將重點放在「訂製」流程，在每個量身、修改和討論的過程裡，定出最佳的溝通。回推到建構形象的兩大重要關鍵點就是「瀏覽」與「決策」，前者透過多件單品的插畫與配色，講述什麼是訂製外套；後者則以黑白色系包裝讓訂製外套脫穎而出，是可以老派卻穩重，但決不落伍過時。

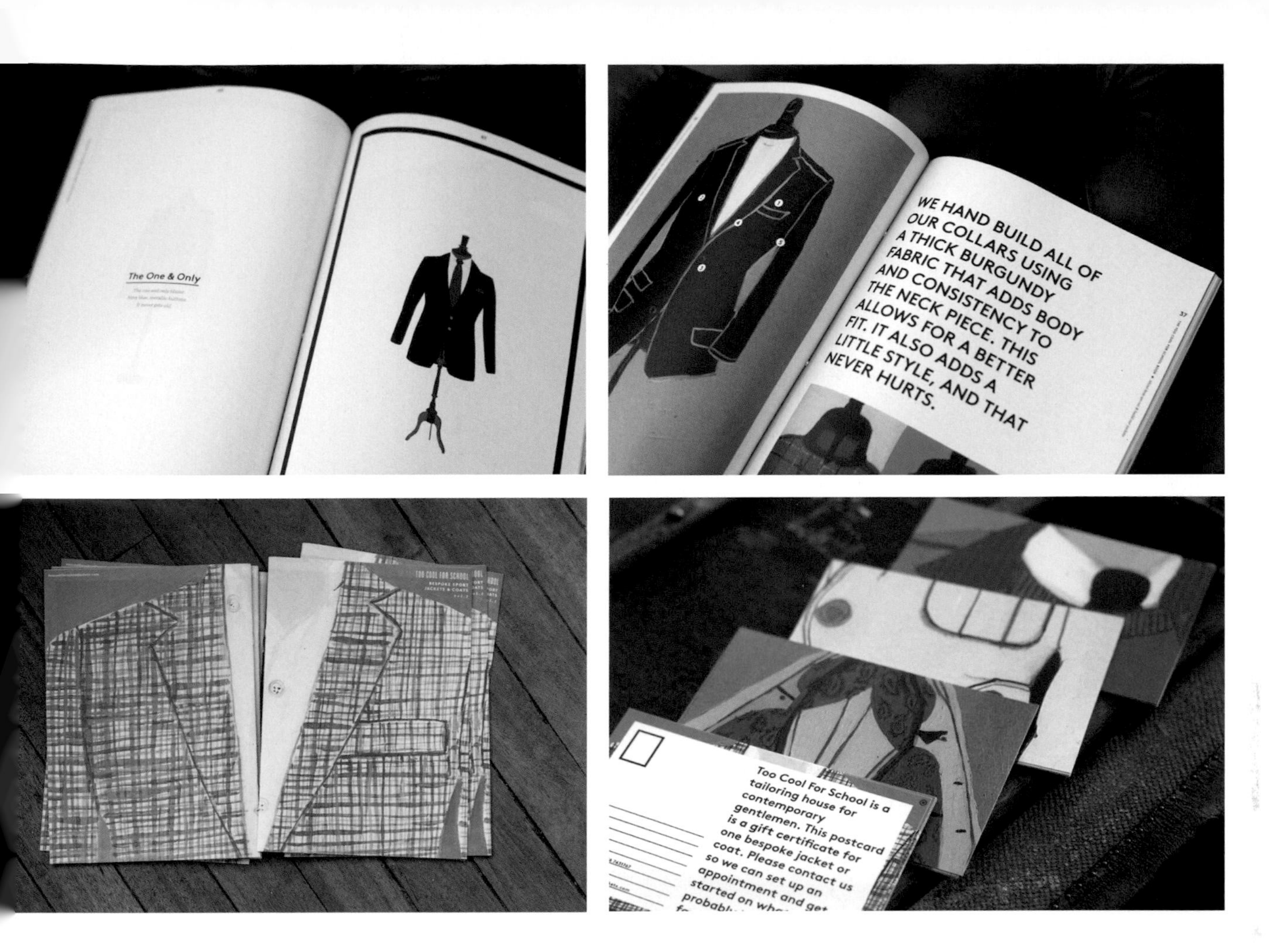
The One & Only
WE HAND BUILD ALL OF OUR COLLARS USING A THICK BURGUNDY FABRIC THAT ADDS BODY AND CONSISTENCY TO THE NECK PIECE. THIS ALLOWS FOR A BETTER FIT. IT ALSO ADDS A LITTLE STYLE, AND THAT NEVER HURTS.
Too Cool For School is a tailoring house for contemporary gentlemen. This postcard is a gift certificate for one bespoke jacket or coat. Please contact us so we can set up an appointment and get started on wha

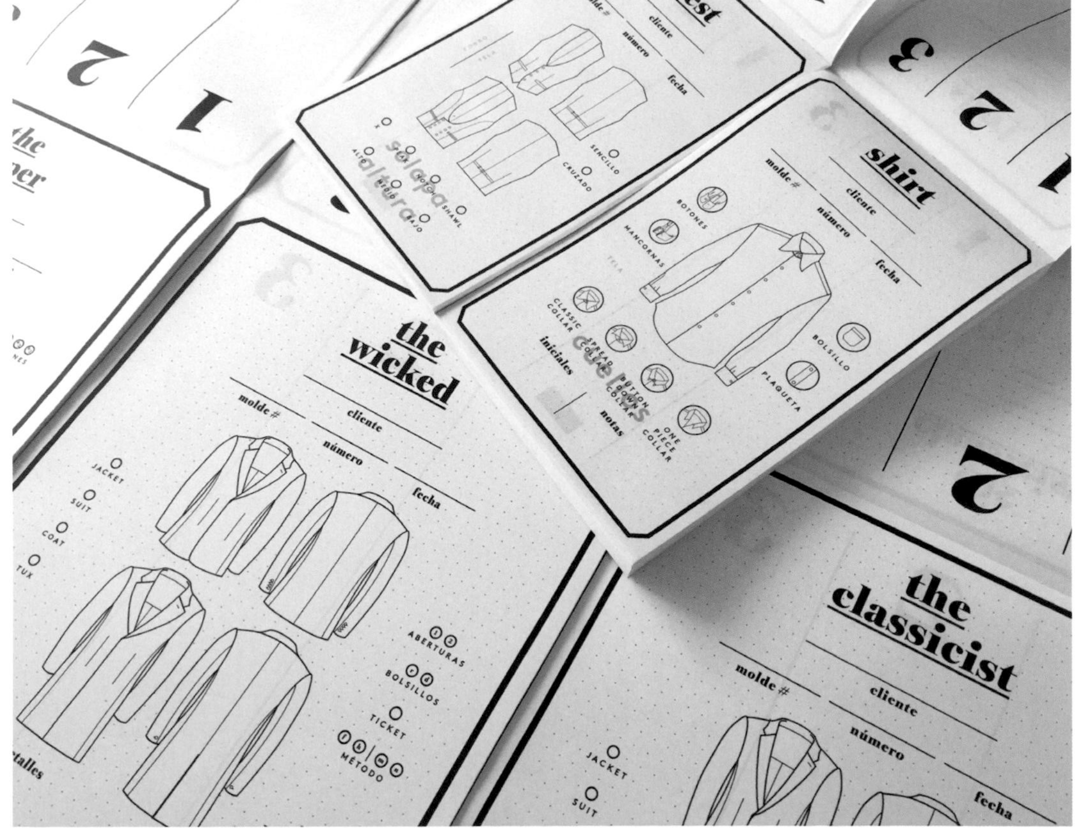
shirt
cliente
número
fecha
molde #
BOTONES
MANCORNAS
BOLSILLO
PLAQUETA
iniciales
notas
the wicked
molde #
cliente
número
fecha
JACKET
SUIT
COAT
TUX
ABERTURAS
BOLSILLOS
TICKET
MÉTODO
the classicist
molde #
cliente
número
fecha
JACKET
SUIT

THIS BOX CONTAINS
ONE JACKET
www.toocoolforschooljackets.com

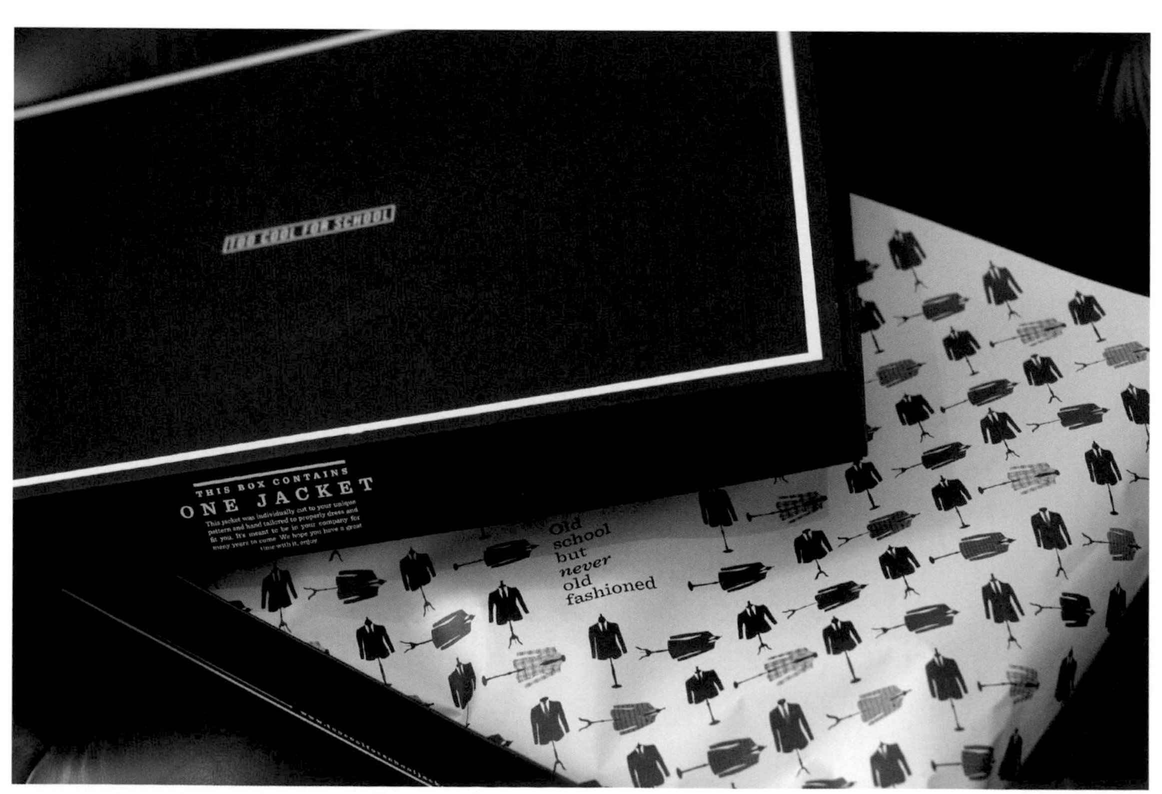
TOO COOL FOR SCHOOL
THIS BOX CONTAINS
ONE JACKET
This jacket was individually cut to your unique pattern and hand tailored to properly dress and fit you. It's meant to be in your company for many years to come. We hope you have a great time with it, enjoy
Old school but *never* old fashioned

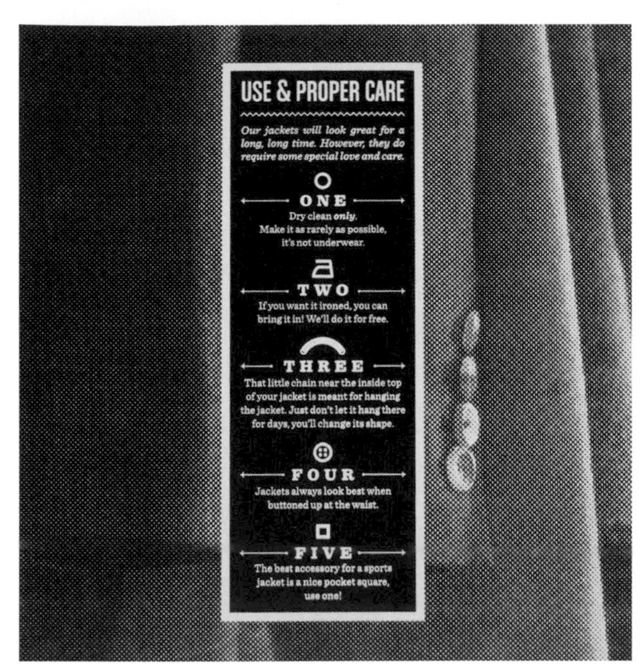
USE & PROPER CARE
Our jackets will look great for a long, long time. However, they do require some special love and care.
ONE
Dry clean only.
Make it as rarely as possible, it's not underwear.
TWO
If you want it ironed, you can bring it in! We'll do it for free.
THREE
That little chain near the inside top of your jacket is meant for hanging the jacket. Just don't let it hang there for days, you'll change its shape.
FOUR
Jackets always look best when buttoned up at the waist.
FIVE
The best accessory for a sports jacket is a nice pocket square, use one!

JPM
TOO COOL FOR SCHOOL
PROUDLY CONCEIVED &
MANUFACTURED IN COLOMBIA

House of ZATT

Location 地點
Monterrey, Mexico 墨西哥 蒙特雷

Design Agency 設計單位
Parámetro Studio

Art Direction 藝術指導
Parámetro Studio

Photography 攝影
Carlos Caroga

奢華時尚電商 ZATT 提供線上衣櫥規劃、專屬購物體驗和個人造型等服務，品牌希望呈現出奢華品味以及鮮明態度。設計師為此塑造一個時髦摩登，媲美高端精品的視覺系統，以字母縮寫為主題的商標更容易讓消費者留心，另外主色結構也選了粉色調和對比的鮮明藍色，來表現品牌的前衛特質。

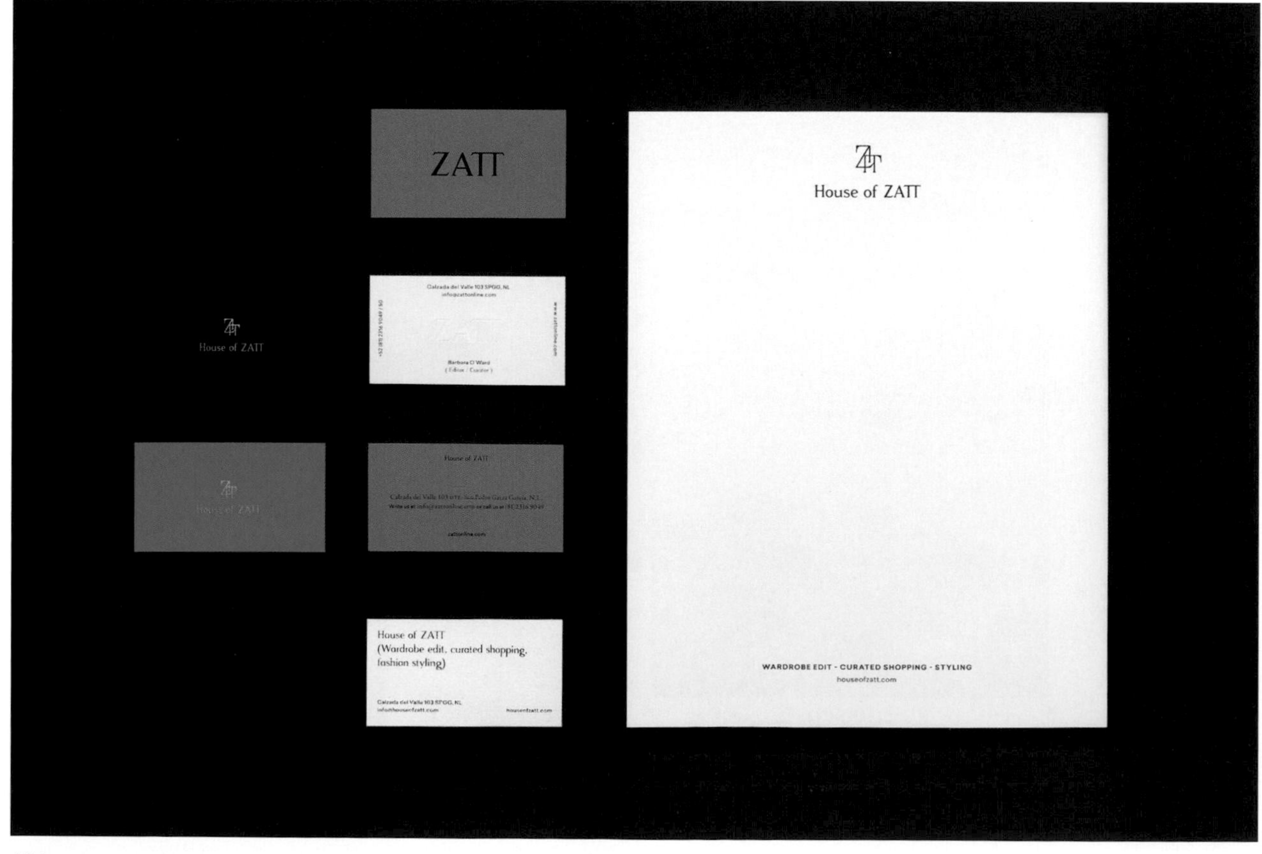

ZATT/AW2017
House of ZATT
WARDROBE EDIT · CURATED SHOPPING · STYLING
houseofzatt.com
houseofzatt.com
Please note:
Returns will only be accepted if this tag remains attatched
You are cordially invited to our grand opening for the
SPRING/SUMMER 2017 COLLECTION
January 15th, 18:00 @ House of Zatt
House of ZATT

Collection
2017
House of Zatt
wecare@zatt.com
ZATT
Featured Designers/
Dolce & Gabbana
Ellery
Giambattista Vali
Hellessy
Isabel Marant
Johanna Ortiz
Oscar de la Renta
Tibi
Vilshenko
Rami Al Ali
Luisa Beccaria
Rosie Assoulin
Costarellos
Freame Denim
Emilio Pucci
Baum Und Pferdgarten
Rachel Comey
Rosetta Getty
Paule Ka
Self Portrait
Yuliya Magdych
Christina Economou
Tanya Taylor
Mary KAtrantzou
Naeem Khan
Santa Lupita
Del Toro
Nomia
Georgine
Emamo
Monica Sordo
Yanina
Zanzan
Muun
Tata Naka
Ji Oh
Public School
Pepa Pombo
Imoni
Amadeo
Baldwin
Bee Goddess
Helmer
Alexis
Roberto Cavalli
Philosophy di Lorenzo
Serafini
J.W. Anderson
MSGM
Brandon Maxwell

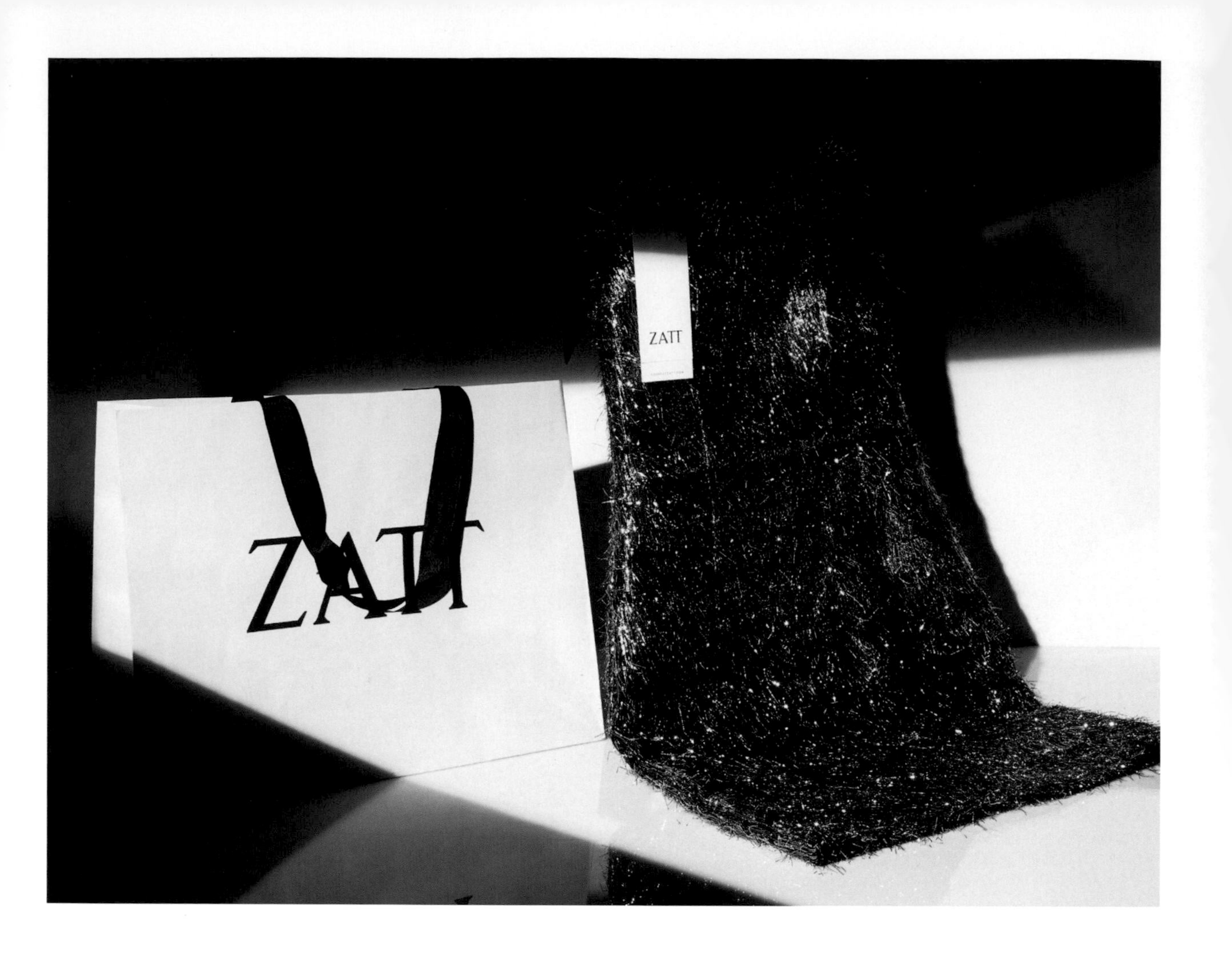
ZATT
ZATT

ZATT

House of ZATT
WATER/AGUA/
ACQUA/EAU/
VODE/
0%Sodium / 500 ml

ZATT

House of ZATT

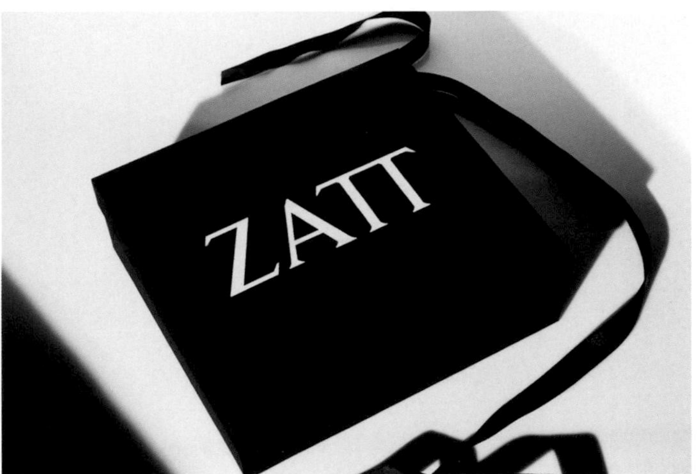
ZATT

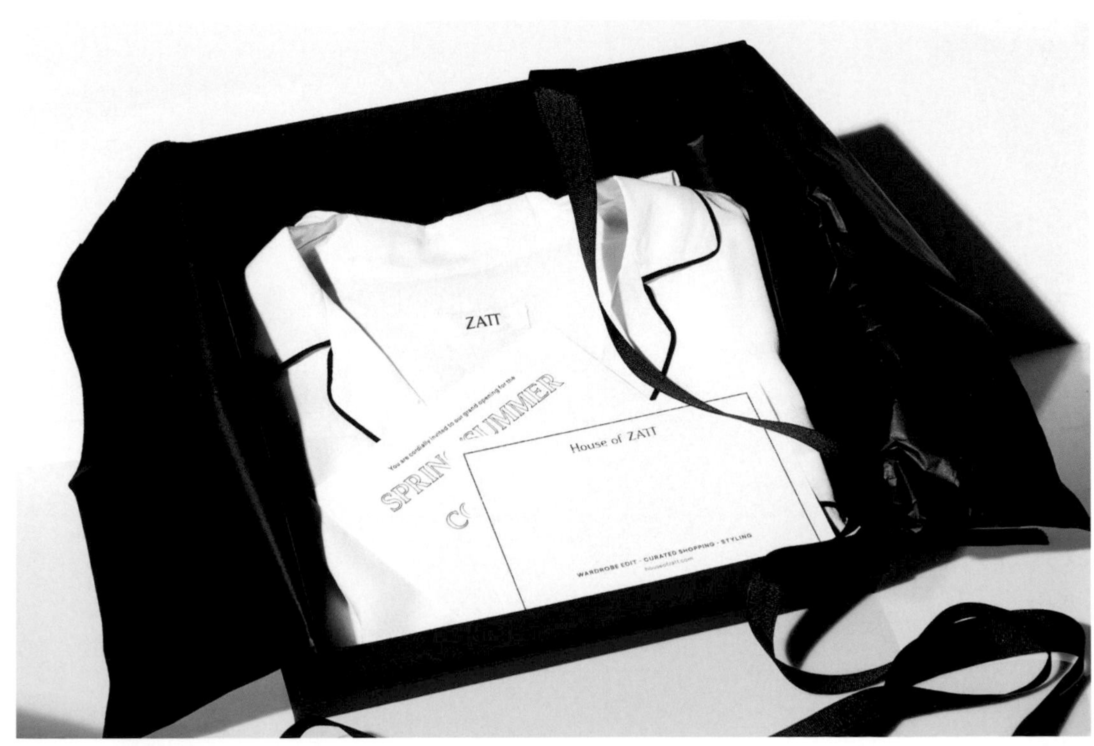
ZATT
House of ZATT
WARDROBE EDIT · CURATED SHOPPING · STYLING

Upton Belts

Location 地點
California, USA 美國 加州

Design Agency 設計單位
Wedge & Lever

Art Direction 藝術指導
Wedge & Lever

Photography 攝影
Wedge & Lever

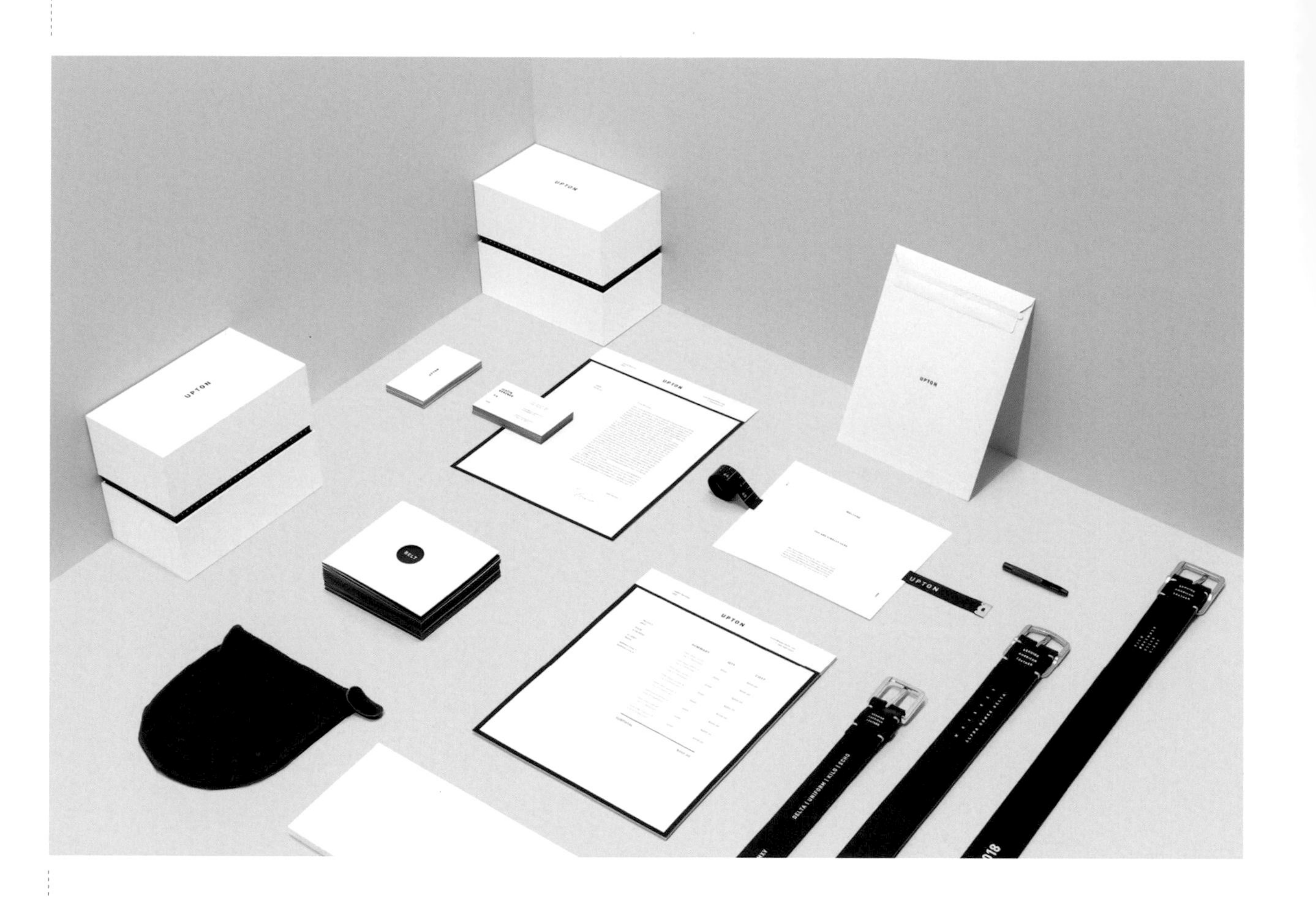

一群創業家們邀請品牌設計公司 Wedge & Lever 從源頭開始打造奢侈皮具名品，經過廣泛的市調分析之後，Wedge & Lever 決定這個「線上限定」的品牌，以美國製造、品質優良而且具備價格優勢的商品為主打。

他們所提出的電商模式，就一個主打客製化的產品來說，充滿挑戰性，最要緊的原因在於商品缺乏和客戶的直接互動，為了讓客人留下深刻印象，Upton 需要在關鍵的消費者接觸點，透過包裝、印刷品，來彌補數位與現實之間的感受差距。

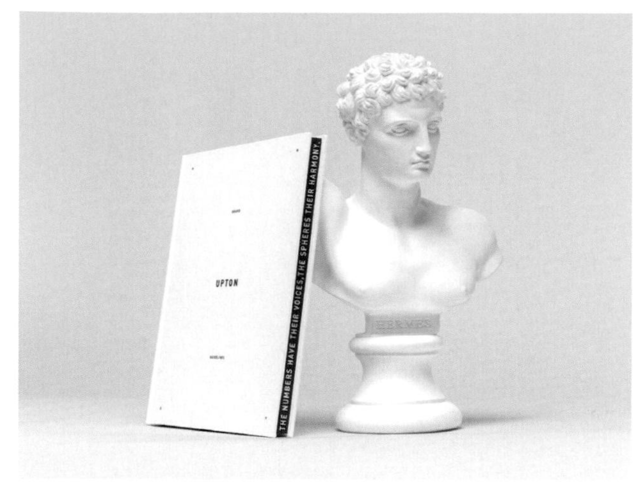
THE NUMBERS HAVE THEIR VOICES, THE SPHERES THEIR HARMONY.
UPTON

THEY SAY PERFECTION IS SUBJECTIVE.
WE RESPECTFULLY DISAGREE.
UPTON

UPTON

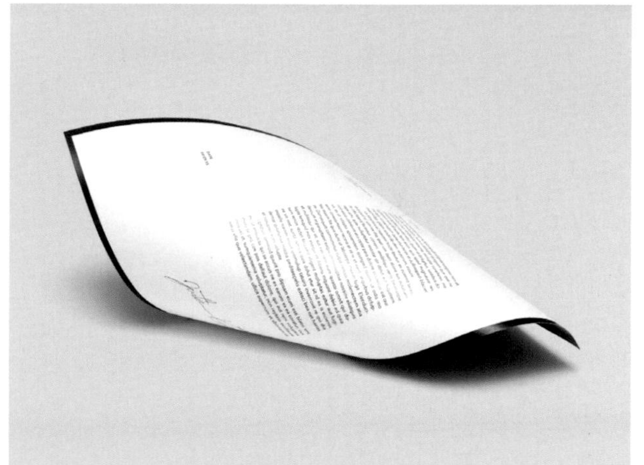

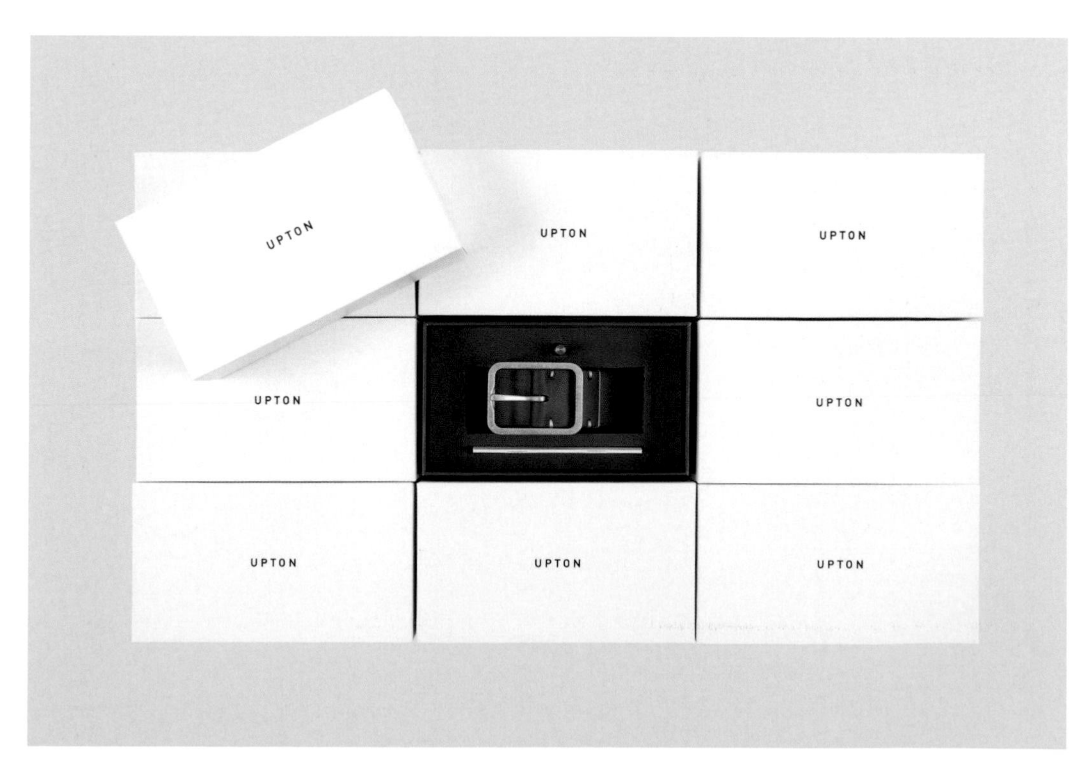
UPTON
UPTON
UPTON
UPTON
UPTON
UPTON
UPTON
UPTON

UPTON

UPTON
MADE IN THE UNITED STATES
N

UPTON

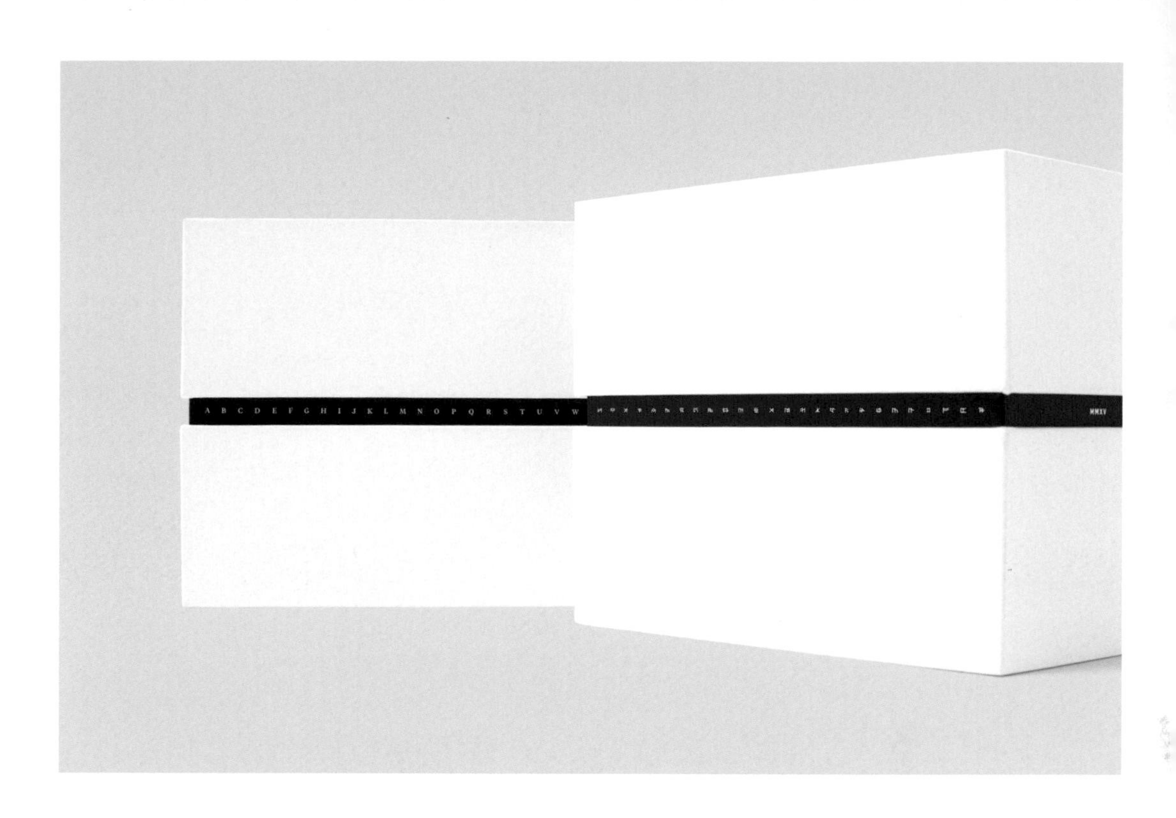
A B C D E F G H I J K L M N O P Q R S T U V W

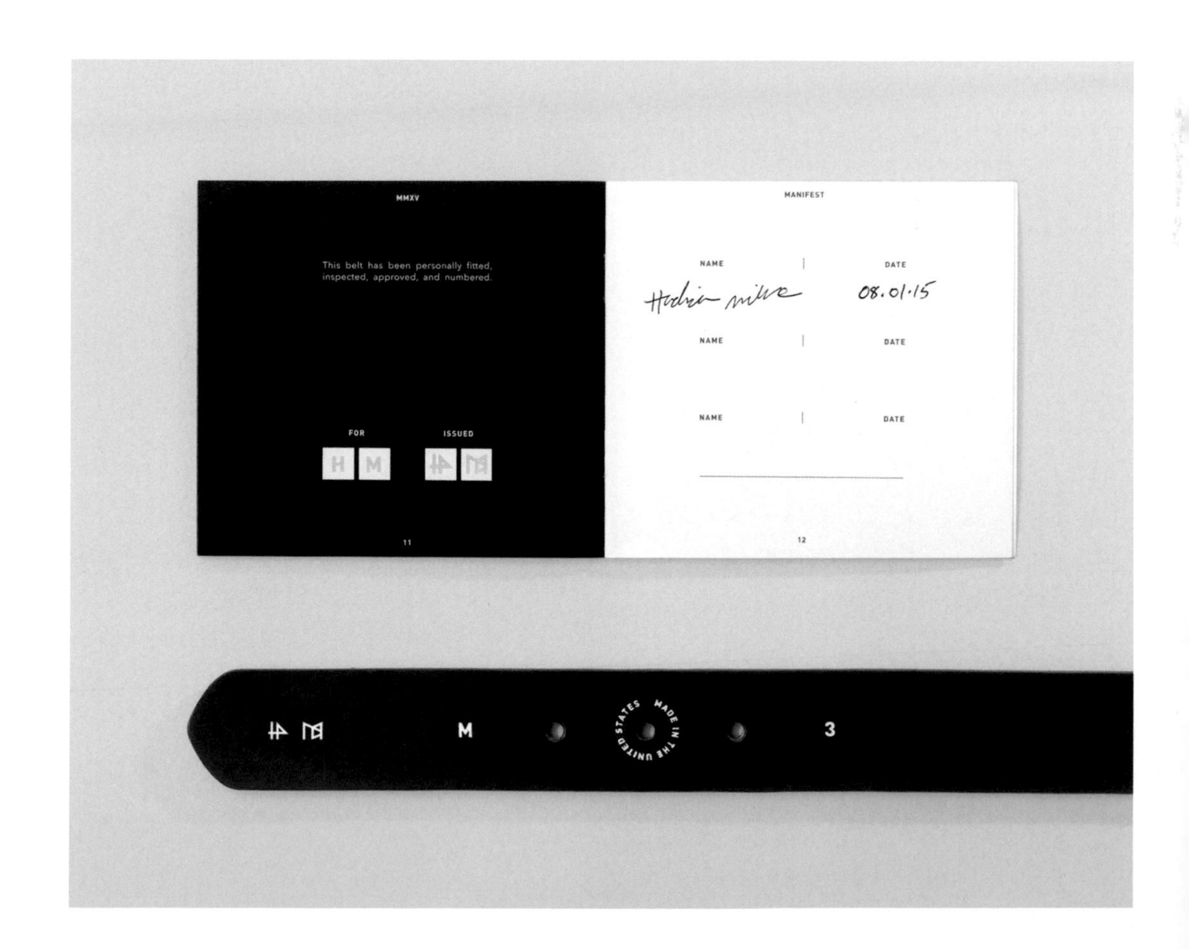
MMXV
This belt has been personally fitted, inspected, approved, and numbered.
FOR
ISSUED
H M
11
MANIFEST
NAME
DATE
08.01.15
NAME
DATE
NAME
DATE
12
M
MADE IN THE UNITED STATES
3

Costume Code

Location 地點
Moscow, Russia 俄羅斯 莫斯科

Design Agency 設計單位
The Bakery Design Studio

Art Direction 藝術指導
The Bakery Design

Photography 攝影
The Bakery Design

Costume Code 是一家為熱愛時尚的人量身訂製的裁縫店，使用最高品質的面料，為男女性設計出與眾不同的套裝與襯衫。思及品牌由一群年輕人新創建立，設計師在視覺感受上拿掉奢華與受到傳統印象影響的元素，採用現代的等寬字型、單一色系搭配與極簡版面。同時賦予品牌自我發聲的出口，也在大部分的印刷品上燙印一套專屬口號，不僅如此，品牌形象設計師也針對在考慮買新衣服的消費者，替他們發想了幾句隔靴搔癢的標語，當作識別的一種符號。

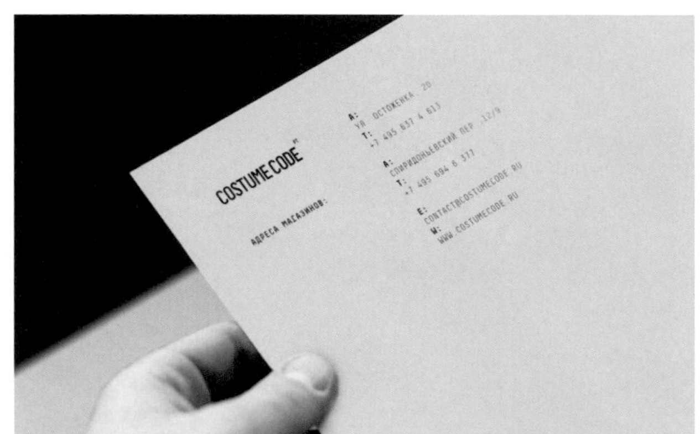

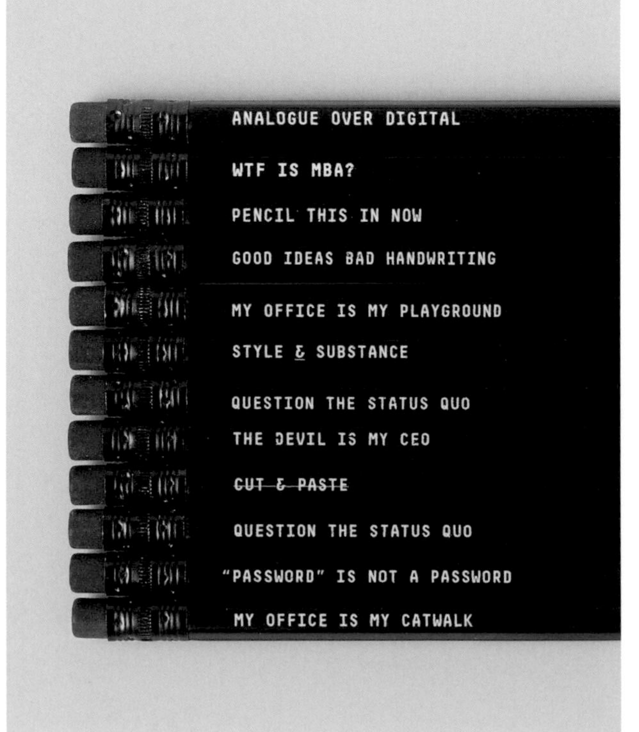

COSTUME CODE

COSTUMECODE

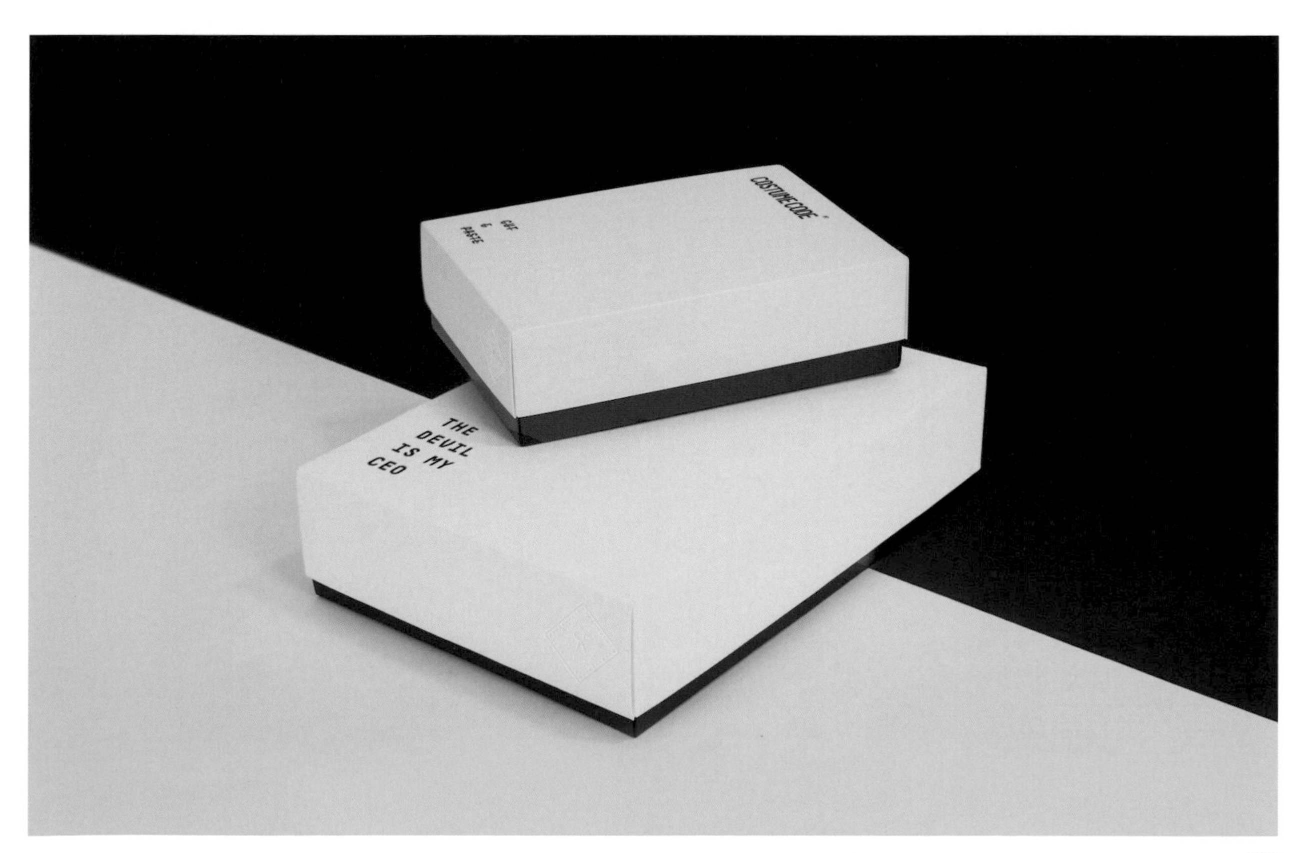
COSTUMECODE
THE
DEVIL
IS MY
CEO

COSTUME CODE
PT
THE
DEVIL
IS MY CEO
MY OFFICE
IS MY
PLAYGROUND

CUT
&
PASTE

I Love Shoes

Location 地點
Moscow, Russia 俄羅斯 莫斯科

Design Agency 設計單位
Eskimo Design

Design 設計
Valeriy Golubzov

Art Direction 藝術指導
Pavel Emelyanov

Photography 攝影
Anatoly Vasiliev

人們喜歡買鞋，買很多鞋，買最新的款式，收藏和保養它們。如果人們有很多鞋，那一個收藏這些鞋的地方也是必須的。鞋架是最好的方案，特別是有很多可以放置任何物品的格子。

因此鞋櫃的形象被運用在「I Love Shoes」品牌商標的設計上，如同鞋櫃可以任意安排各種形式，商標也能有多變的排列組合，可以輕鬆轉換。再者，黃棕配色營造了一種舒適與輕鬆的氛圍，更為品牌增添些許奢華氣息。

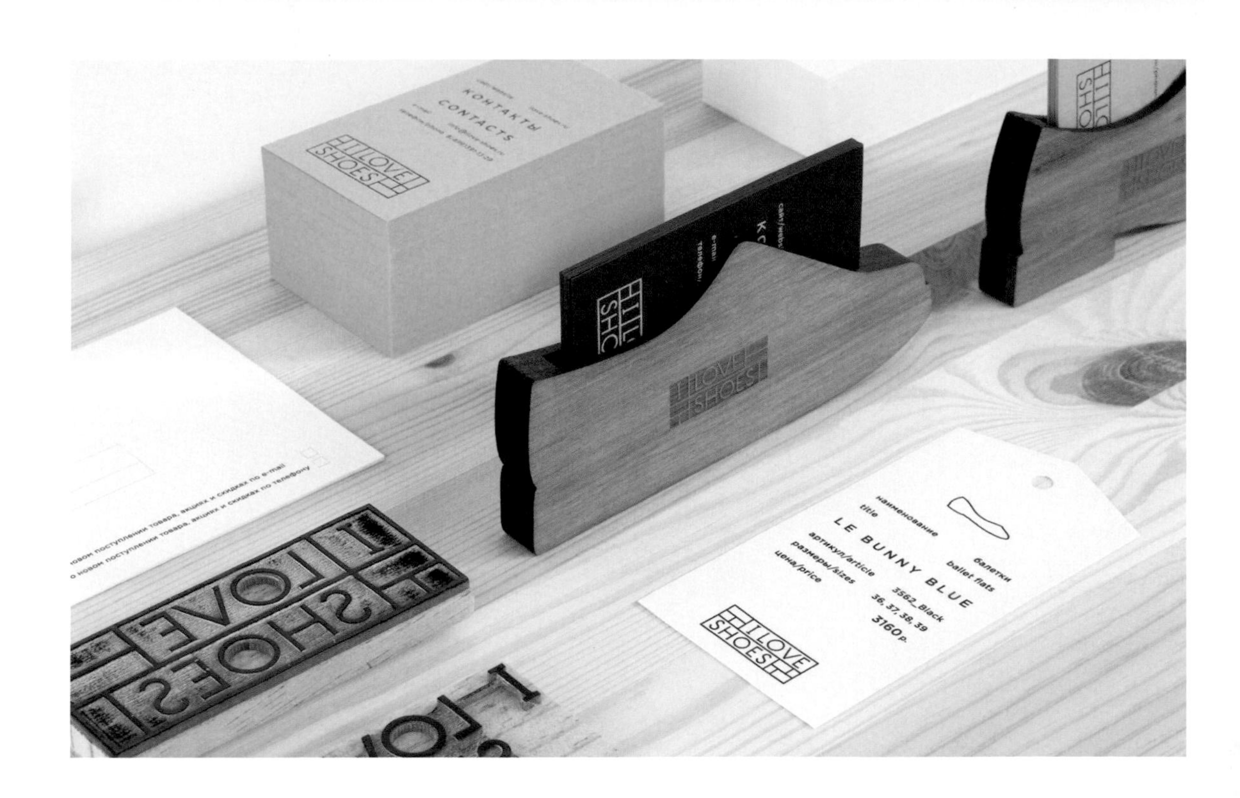
КОНТАКТЫ
CONTACTS
I LOVE SHOES
наименование
балетки
title
ballet flats
LE BUNNY BLUE
артикул/article
3562_Black
размеры/sizes
36, 37, 38, 39
цена/price
3160р.

I LOVE SHOES

Emmaroz

Location 地點
Szeged, Hungary 匈牙利 賽格德

Design Agency 設計單位
Kissmiklos

Design and Art Direction 設計與藝術指導
Kissmiklos

Photography 攝影
Balint Jaksa

Emmaroz 是一家為時尚設計師製作服裝的女裝裁縫工坊，室內裝潢混合 19 世紀的古典風格與 20 世紀初的摩登沙龍風情，展現純粹的女人味。在 Emmaroz 的商標中，消費者可以發現許多跟「裁縫」以及古典時尚風格有關的元素細節。然而這個商標的設計，卻使用了現代風格的排版處理和人台輪廓剪影，大量運用於平面印刷跟線上平台。

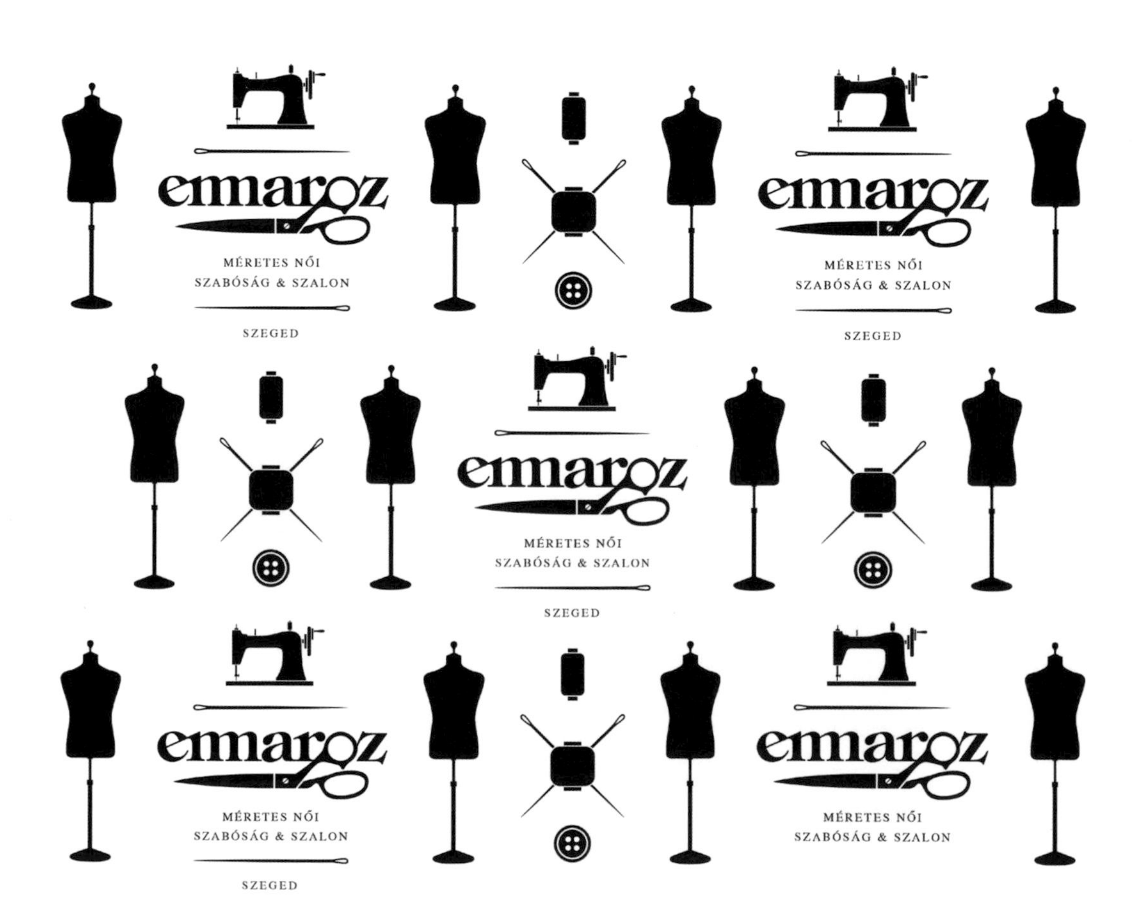

MÉRETES NŐI
SZABÓSÁG & SZALON

SZEGED

Szénási Enikő Lilla

ügyvezető
fashion director

+ 36 30 958 9996
eniko.szenasi@emmaroz.moda
www.emmaroz.moda

Szénási Enikő Lilla

ügyvezető
fashion director

+ 36 30 958 9996
eniko.szenasi@emmaroz.moda
www.emmaroz.moda

Szénási Enikő Lilla

ügyvezető
fashion director

+ 36 30 958 9996
eniko.szenasi@emmaroz.moda
www.emmaroz.moda

K+L
K
+
L

emmaroz

ALBA SUAREZ

Location 地點
Mexico 墨西哥

Design Agency 設計單位
Karla Heredia Martínez

Art Direction 藝術指導
Karla Heredia Martínez

Photography 攝影
Karla Heredia Martínez

墨西哥新銳品牌Alba Suarez，專注在時尚造型設計。品牌形象規劃以人的多變性為基礎，在字型與圖樣的設計上，都呈現了潔淨的中性風格，搭配色彩繽紛的插畫，讓品牌的視覺效果更加搶眼。

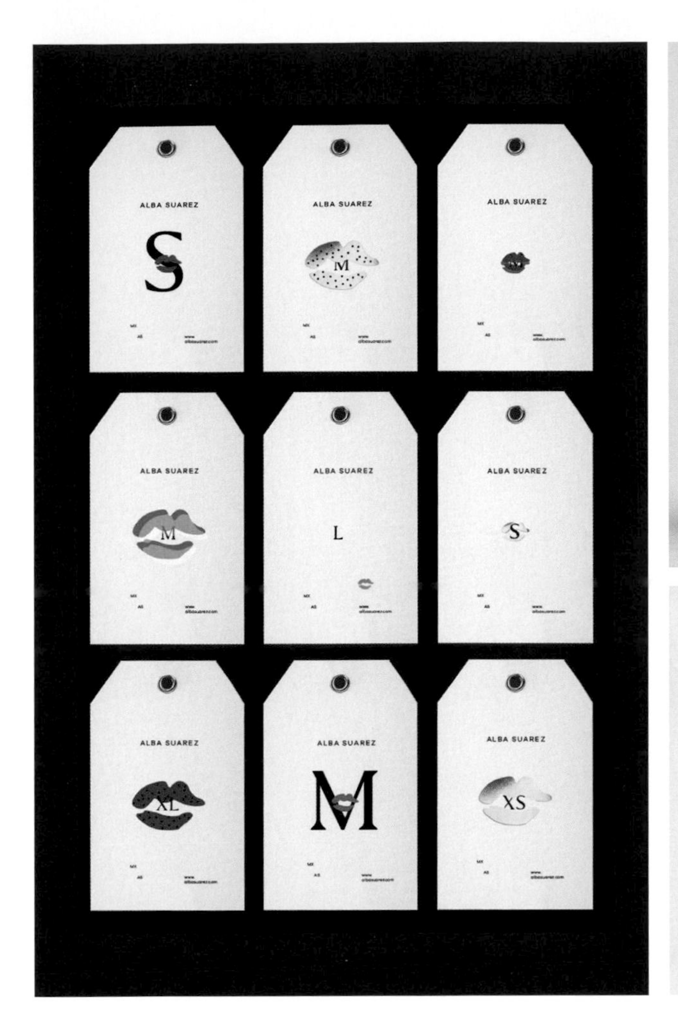
ALBA SUAREZ
S
ALBA SUAREZ
M
ALBA SUAREZ
ALBA SUAREZ
M
ALBA SUAREZ
L
ALBA SUAREZ
S
ALBA SUAREZ
XL
ALBA SUAREZ
M
ALBA SUAREZ
XS

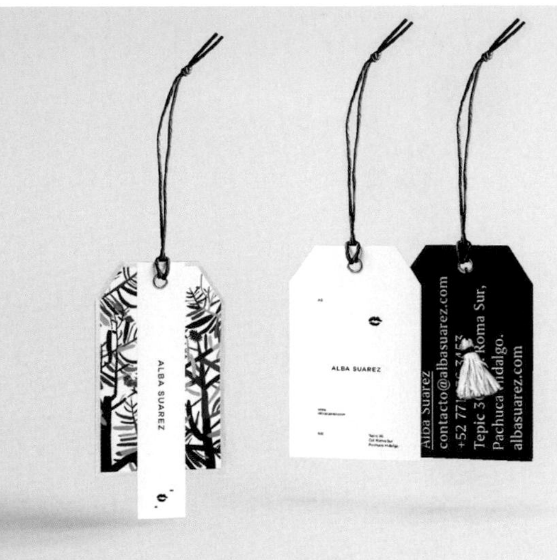
ALBA SUAREZ
ALBA SUAREZ
Alba Suarez
contacto@albasuarez.com
albasuarez.com

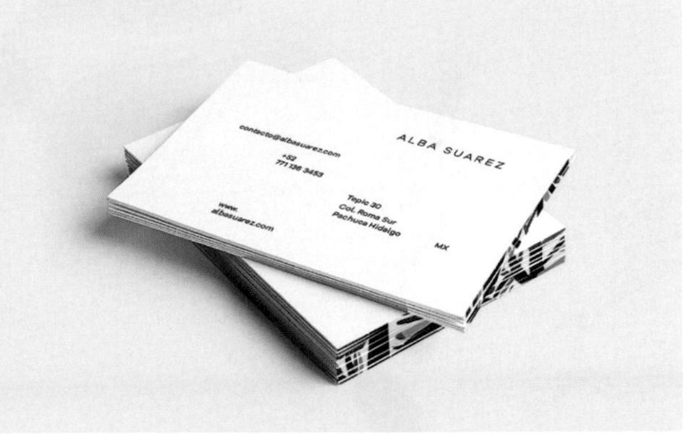
ALBA SUAREZ
contacto@albasuarez.com
+52
771 136 3453
Tepic 30
Col. Roma Sur
Pachuca Hidalgo
www.
albasuarez.com
MX

AS
ALBA SUAREZ
www.
albasuarez.com
MX
Tepic 30
Col. Roma Sur
Pachuca Hidalgo

Club Designer Flagship Store

Location 地點
Taipei 台北

Design Agency 設計單位
Midnight Design

Design and Art Direction 設計與藝術指導
Su I Chan

Photography 攝影
Amano Kawa

一個擁有 30 多年歷史的複合精品，在台北大安路打造了五層樓的旗艦店，為了塑造獨特且跳脫傳統的風格，Club Designer 決定重新設計品牌形象視覺，在「簡約」的基礎上，將原來的商標結合旗艦店的建築特色，透過切割與重組，打造主要的視覺形象與周邊應用，這樣做可以維持品牌的主軸精神，好能運用在未來的商品上。

CLUB DESIGNER

Romero+McPaul Boutique

Location 地點
Mexico 墨西哥

Design Agency 設計單位
Anagrama

Design and Art Direction 設計與藝術指導
Anagrama

Photography 攝影
Caroga Foto

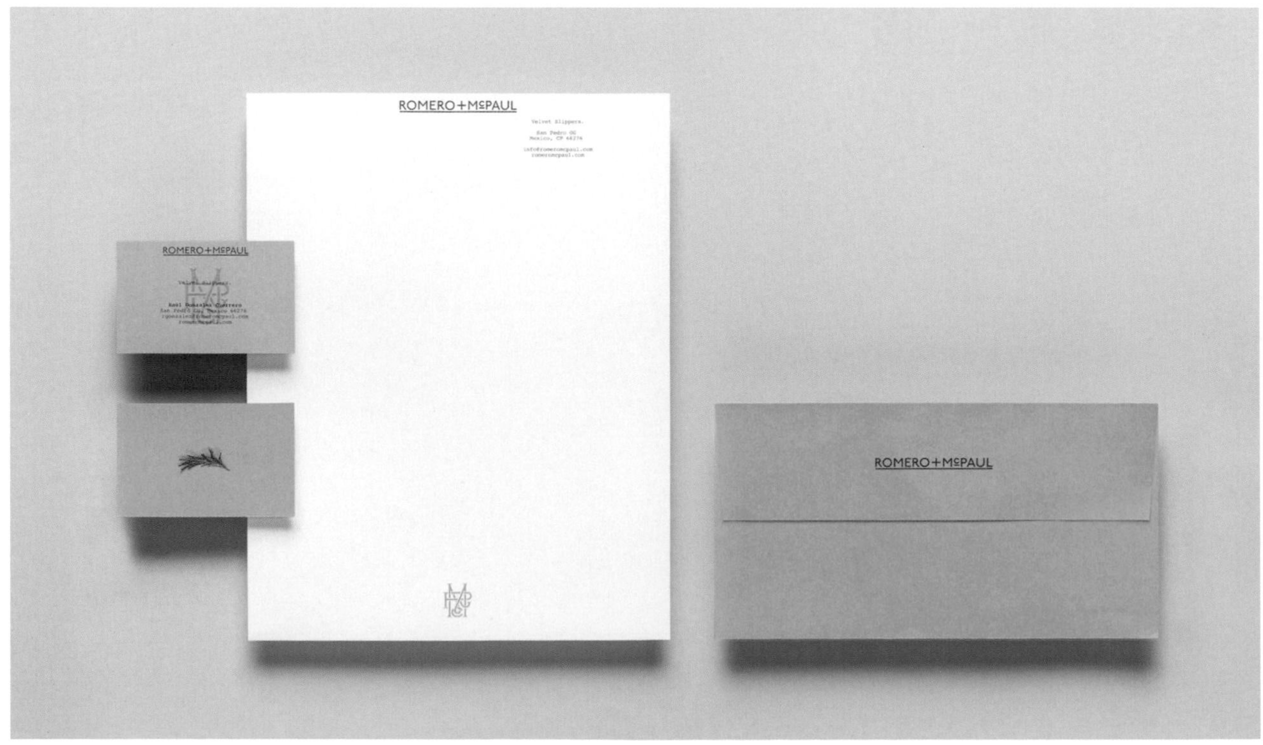

Romero+McPaul 是一個專賣傳統英倫風格絲絨拖鞋的高端品牌，以亮麗時尚的風格聞名。在英國皇室的居家生活裡，絲絨拖鞋扮演著非常重要的角色，它們通常被放在皇家成員與賓客的房內，好讓賓客享受無拘無束的舒適。

為了重新打造品牌形象，品牌設計師大量從傳統英倫風情、帶有漢普頓度假風情以及航海俱樂部風格的紋章找尋靈感。

品牌設計師創造了以 Romero 和 McPaul 兩位主角為基礎的故事，來講述品牌商品的一體兩面。Romero 是個調皮的小淘氣，代表著商品的俏皮、溫暖以及拉丁血緣；McPaul 則是一個拘謹傳統的男人，體現產品具有歷史風情且高檔的英倫本質。

Anagrama 選擇了迷迭香（原文 Rosemary 為西班牙語的 Romero）作為商標，不僅僅只是呼應品牌名稱，更呼應這種香草的特性 — 只生長在靠近海洋的地區。

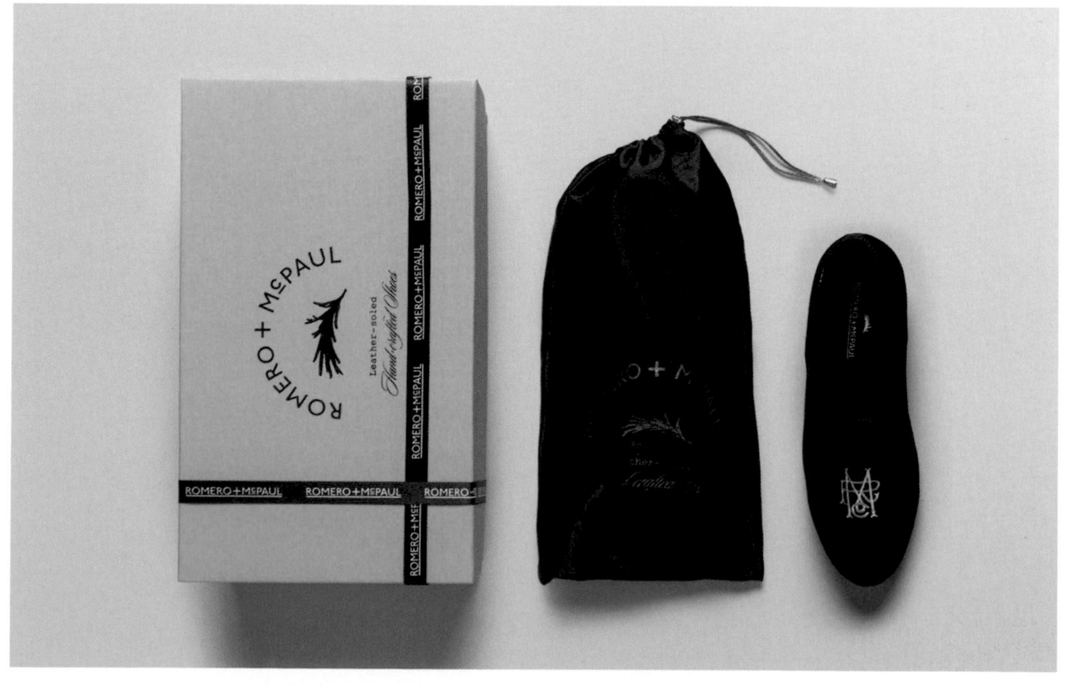

ROMERO

McPAUL
Leather-soled
Lunes a Viernes
3 pm - 7 pm
Tel. (81) 8100 9213
www.romeromcpaul.com

Delikt

Location 地點
Hamburg, Germany 德國 漢堡

Design Agency 設計單位
Hansen/2

Art Direction 設計與藝術指導
Hansen/2

Photography 攝影
Eva Napp

Delikt 是一個高端奢華的潮流服飾品牌，代表著一種反叛的態度，即便是不合法行為，那也不代表是犯罪，而是不願被他人所支配。

Hansen/2 將這樣的概念作為品牌形象的設計基礎，並選擇黑色為主色調來與消費者對話。順這個思路走，設計師發展出一種低調隱晦的視覺敘事，在黑色材質上使用許多大量黑色熱轉印和浮雕細節。另一個設計重點則是「Gaunerzinken」，這是黑幫或地下組織用做密碼的一種符號系統，被重複使用在品牌的出版品之中。這種神秘的符號系統，只有「組織內的人」能夠解讀；在那些「組織外的人」來說，那符碼擁有者則顯得相當神秘且耐人尋味。

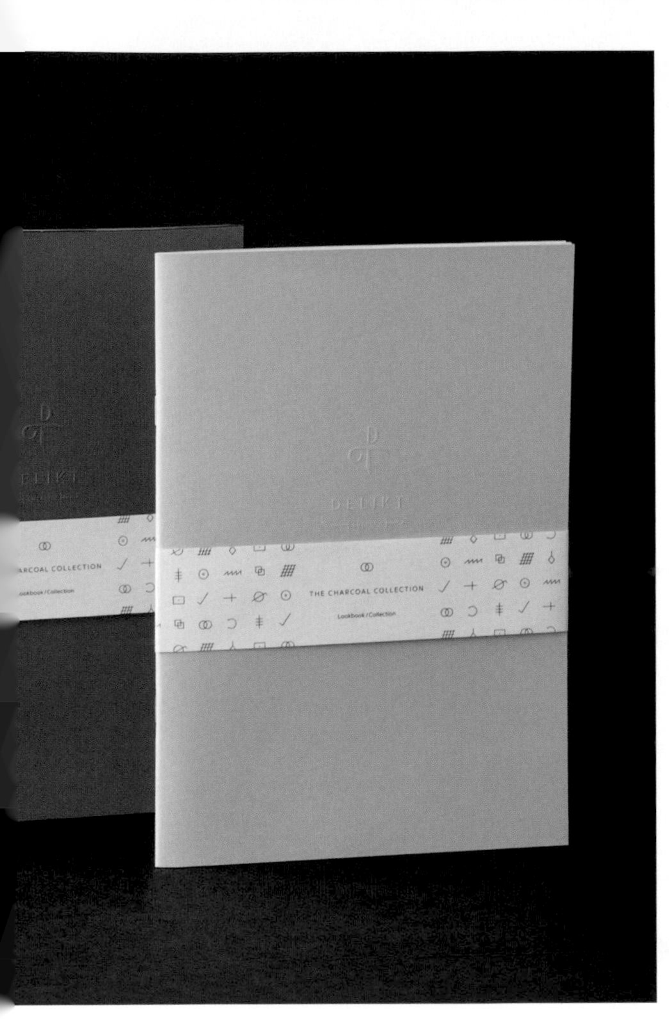
DELIKT
THE CHARCOAL COLLECTION
Lookbook / Collection

Somewhere between
the darkest alleys and
the signs that need to
be understood
Rooted in Germany
Crafted in Los Angeles

THANK YOU

DELIKT
JKT.3

PAAVA Biker Jacket

Location 地點
Budapest, Hungary 匈牙利 布達佩斯

Design Agency 設計單位
L² Studio

Design 設計
Krisztián Lakosi, Richárd Lakosi

Photography 攝影
Vizi Andras, L² Studio

匈牙利街頭男裝品牌 PAAVA，主打用頂級面料製作基本服飾，專注於時尚、簡約、原創的風格以及優良品質。為了呼應這些概念，L² 為品牌洗標、貨運包裝的標籤還有商標字型，設計了一個精確的象形圖樣。騎士夾克是許多人熱愛的經典單品之一，因此在形象規劃上注重傳承、原創風格以及頂級品質，回扣到 PAAVA 源於高實用性的男性服飾，其經得起時間考驗。而品牌形象規劃的目標就是用同樣的概念抓住品牌的價值。

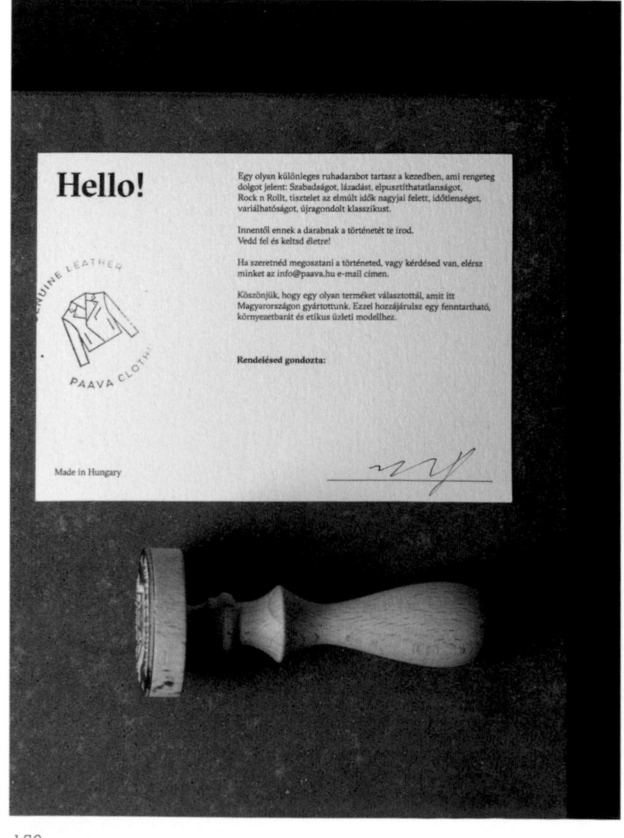

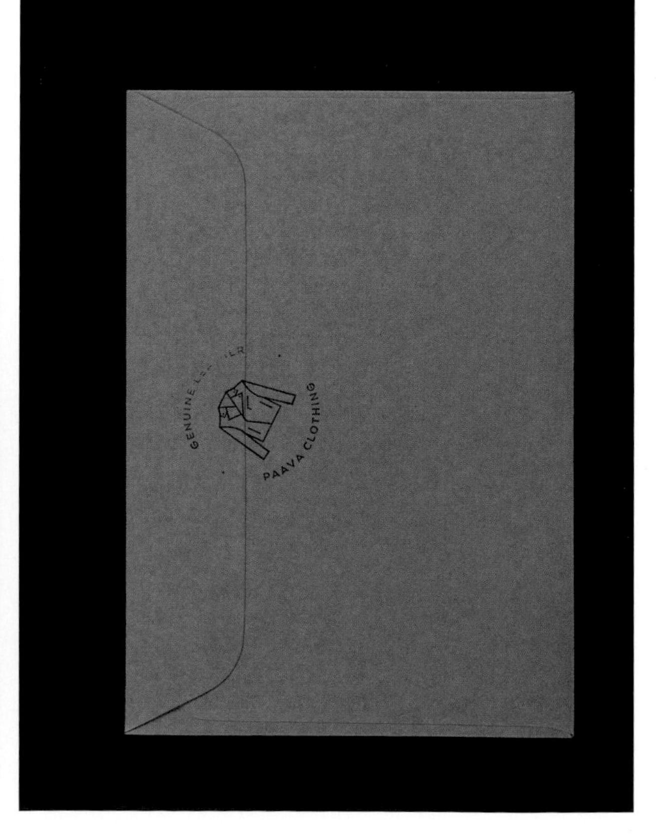

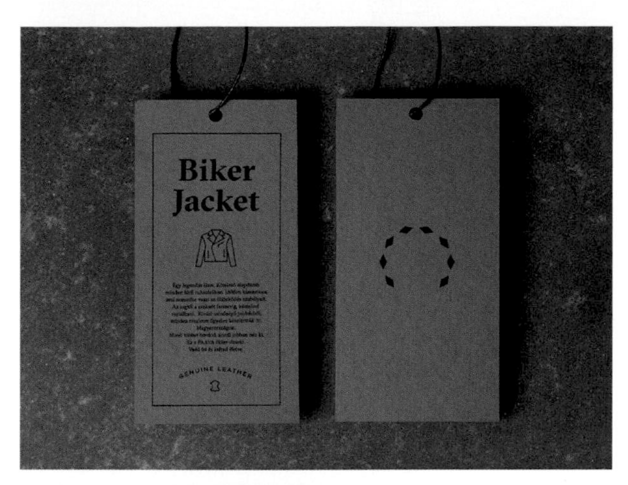
Biker
Jacket
GENUINE LEATHER

PAAVA CLOTHING
MAGYAR MINIMALISTA STREETWEAR

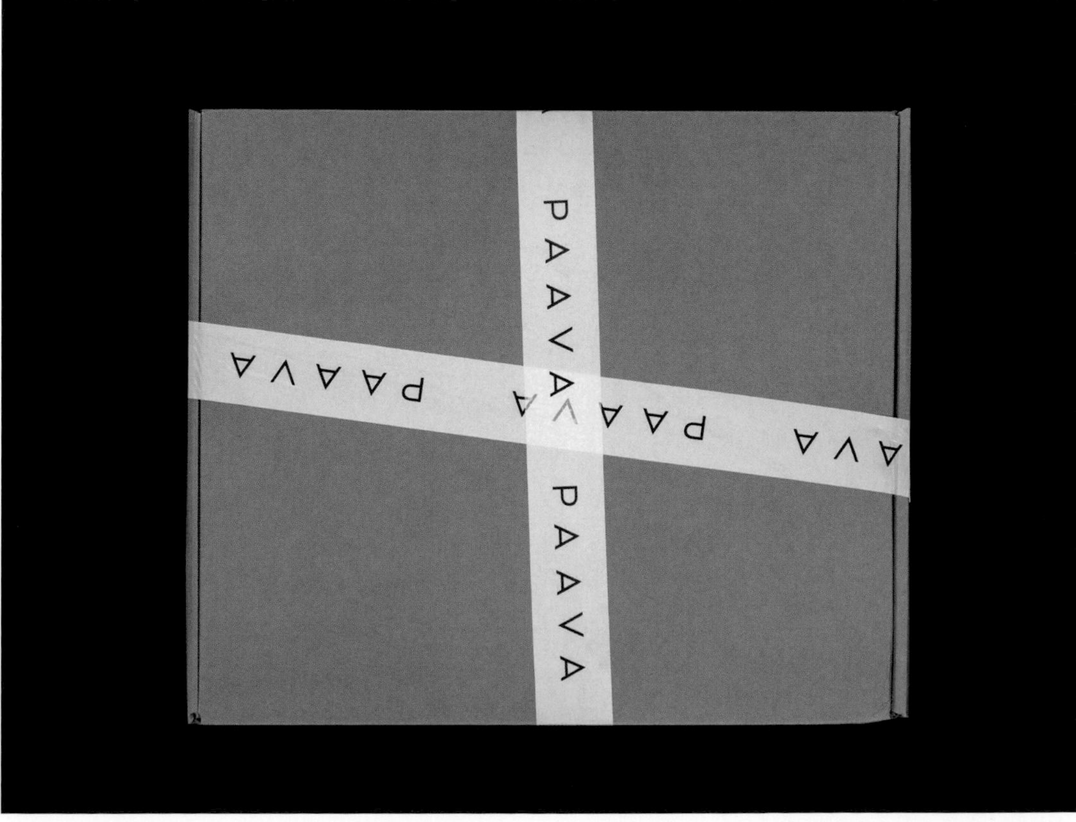
PAAVA
PAAVA

GAVOHA – FUTURE NOSTALGIE

Location 地點
World-wide 全球

Design Agency 設計單位
26 Lettres

Design and Art Direction 設計與藝術指導
Emanuel Cohen

Photography 攝影
Ben Meïr Ohayon

Gavoha 是來自加拿大蒙特婁，一個年輕的高端帽子品牌，它們所有的帽子全是在 1895 年早已建立的老工坊中，由純熟工匠採用傳統工法和頂級毛氈料精心手作。

Gavoha 在希伯來語中是「高」或「提升」的意思，回顧歷史，帽子總是被視為階級地位的象徵，這點也成為品牌名稱的靈感來源，呼應「頂」上配件的形象。品牌商標所伴隨的馬蹄鐵符號，是非常經典的幸運符代表，能讓人與自己的物品產生一種迷信的聯想，因此就誕生了幸運帽的概念。

在規劃這個年輕、思想奇特卻又親民不過時的品牌過程中，26 Lettres 希望能塑造一個優質的品牌，並傳遞商品背後的工藝精神，就如同產品的高品質一般，品牌周邊與包裝的設計，也必須精雕細琢。

UN CERVEAU COSTUMÉ FAIT TOURNER LES TÊTES.
FUTURE NOSTALGIE
GAVOHA
Fondé à Montréal, Gavoha offre un produit intemporel soigneusement fabriqué à la main par des artisans experts dans un atelier établi depuis 1895, à partir de feutres de fourrure de qualité supérieure et selon des méthodes de chapellerie traditionnelles.
Founded in Montreal, Gavoha offers a timeless product that is carefully handcrafted by expert artisans in a workshop established since 1895, using traditional millinery methods and high quality fur felts.
Fabriqué au / Made in Canada
100% feutre de fourrure de lapin / rabbit fur felt
Naturellement imperméable / naturally water-repellent
Laver à la main / hand wash only
gavoha.com
Étranger, à l'image d'un souvenir abstrait, il incarne un héritage prochain. Intemporel, le compagnon des pensées est l'objet précieux sous lequel la personnalité dévoile sa forme.

UN CERVEAU COSTUMÉ FAIT TOURNER LES TÊTES.

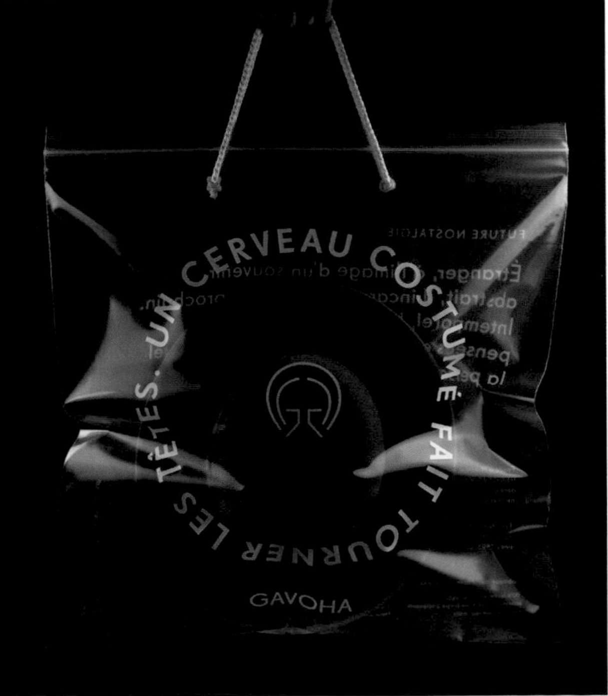
UN CERVEAU COSTUMÉ FAIT TOURNER LES TÊTES.
GAVOHA

Sin H Street Wear

Location 地點
Monterrey, Mexico 墨西哥 蒙特雷

Design Agency 設計單位
Parámetro Studio

Art Direction 藝術指導
Parámetro Studio

Photography 攝影
Carlos Caroga

時尚精品店 SIN H Street Wear 特別為沈迷於最新潮流的年輕女性，推出當代風格女裝。

形象企劃體現著客戶的個性：優雅與前衛；由於商標中無襯線字體（sans-serif）簡約質感的特性，Parámetro 開始設計爆發現代感與優雅的項目，在整體的表現手法上也是如此，縮限品牌在色彩上的使用，並使用壓克力等透明材質，讓整個購物體驗充滿現代感與前衛性。

T. 01 81 83358491
M. INFO@SINH.COM

00.00000.000

STORE
AVENIDA GOMEZ MORÍN
PLAZA CHIPINQUE
SAN PEDRO GG, NL.
LOCAL 111

SIN H

Dear Customer,

Thank you for your purchase and congratulations on acquiring a piece of cultural history. In 2009 UNESCO declared batik an Oral and Intangible Heritage of Humanity. Often handed down within families for generations, the 2000 year old craft of batik is intertwined with the cultural identity of the people of Indonesia. Through symbolism related to unique colors and designs, this craft represents creativity and spirituality.

Your UnAir jacket has undergone around 100 hours of intricate work by an expertly trained artisan. Before the Batik process begins the fabric for each jacket is hand woven. Wax resistant dye is then applied selectively to the hand drawn designs. This allows the artisan to color selectively by soaking the cloth in various colors and patterns creating each unique design.

We hope you enjoy your UnAir jacket, it is one of a kind, just like you. A piece of history preserved as a wearable item for your everyday life. Wear it with pride and allow it to express your inner creativity and personal style.

Sincerely,

Talina Sada &
Samanta Rangel

SAMANTA RANGEL
NO. 111
STORE
AVENIDA GOMEZ MORÍN
PLAZA CHIPINQUE
SAN PEDRO GG, NL.
T.52 1 8115313982
M.INFO@SINH.COM
WWW.SINH.COM

SIN H
H
THANK YOU
FALL/WINTER – 2015
SIN H COLLECTION
6.03.2015 20H30
COME & ENJOY
SIPS AND SNACKS
WHILE EXPLORING
THE NEW LINE

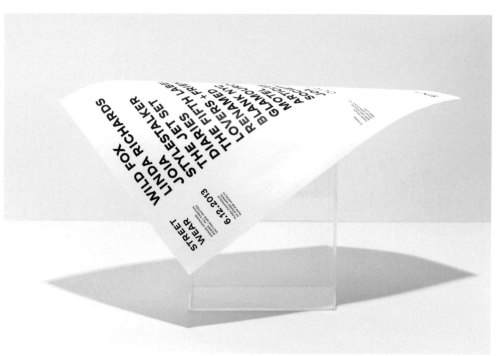
STREET
WEAR
6.12.2013
WILD FOX
LINDA RICHARDS

SIN H
SIN H

SIN H
SIN H
SIN H

SIN H
SIN H

FALL / WINTER
— 2015
SIN H
BLACK SHOE
COLLECTION
7.5

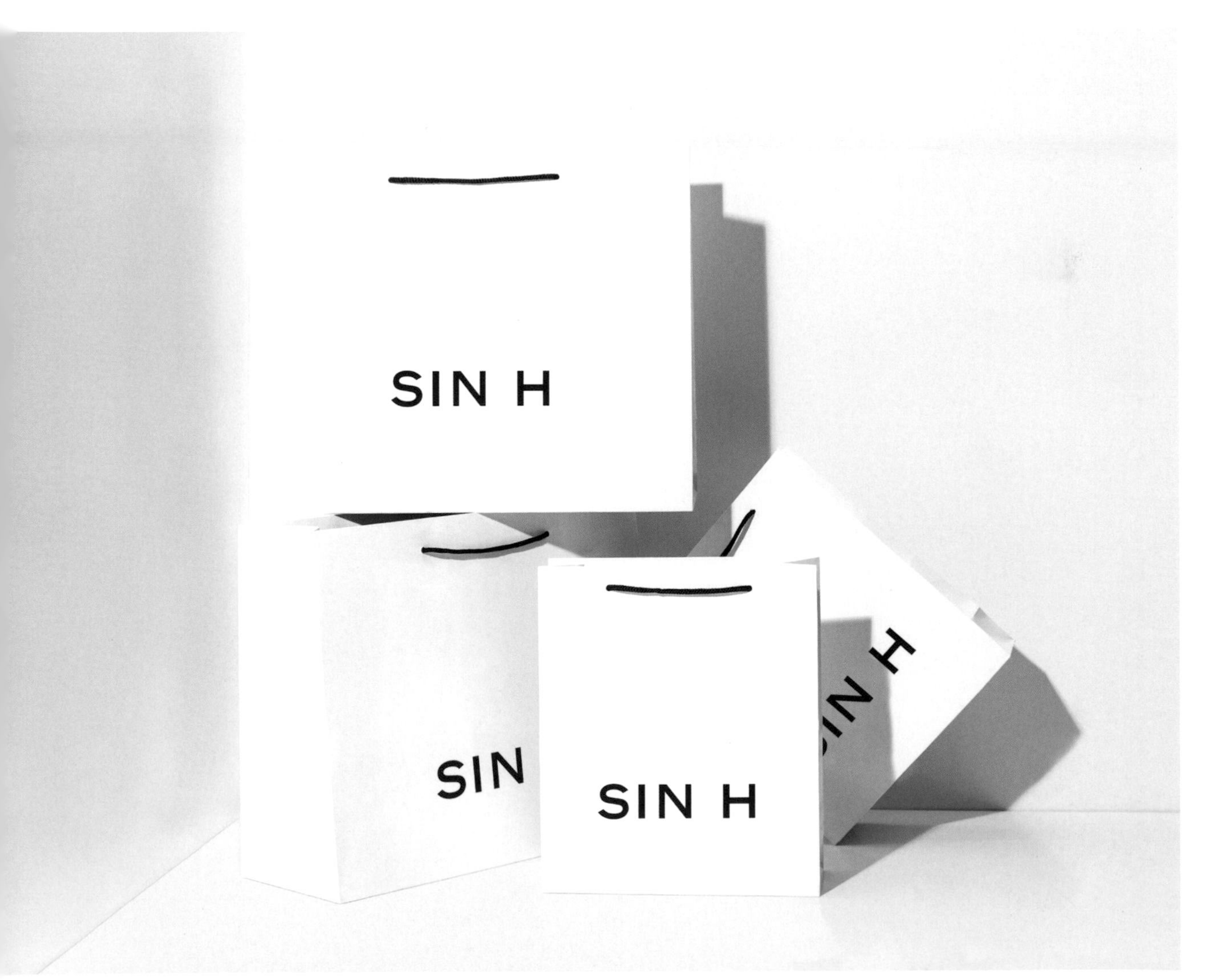
SIN H
SIN
SIN H

Apparel Semiology

Location 地點
Beijing, China 中國 北京

Design Agency 設計單位
Design Bakery Studio

Design 設計
Yujia Zhai, Vicky Sun

Photography 攝影
Yujia Zhai

符號學（Semiology）是專門研究符號的學科理論，而 Apparel Semiology 這個品牌的理念便是「你的穿著象徵著你的身份」，從這個理念出發，並在高品質的服裝與中性風格的基礎上，品牌形象設計團隊運用黑白兩色、簡約標誌以及塊狀元素打造了簡練卻經典的風格。涉及的範疇不只是商標，包含文具、包裝以及網站在內，同時還有攝影，以確保使用到的照片和視頻與品牌的視覺風格是如出一轍。

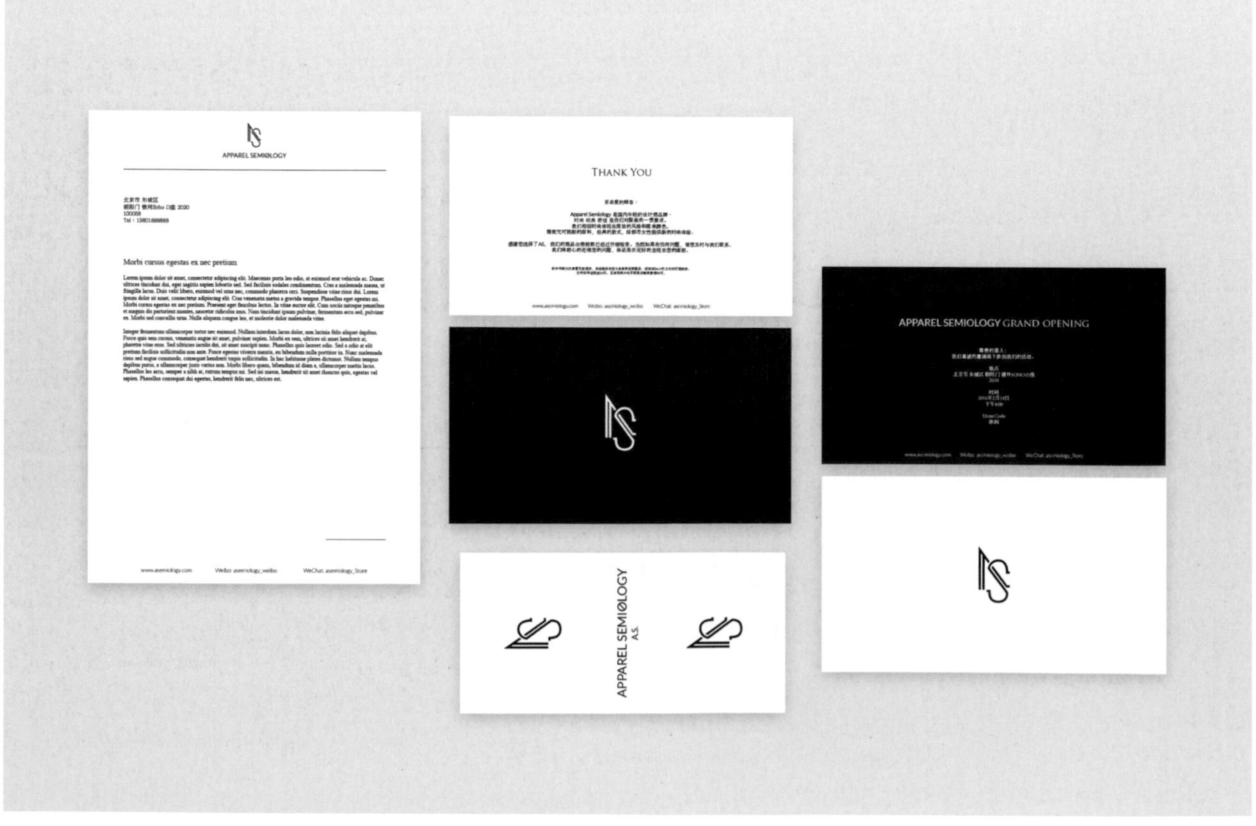

REMADE
蜕变
APPAREL SEMIØLOGY
coming soon

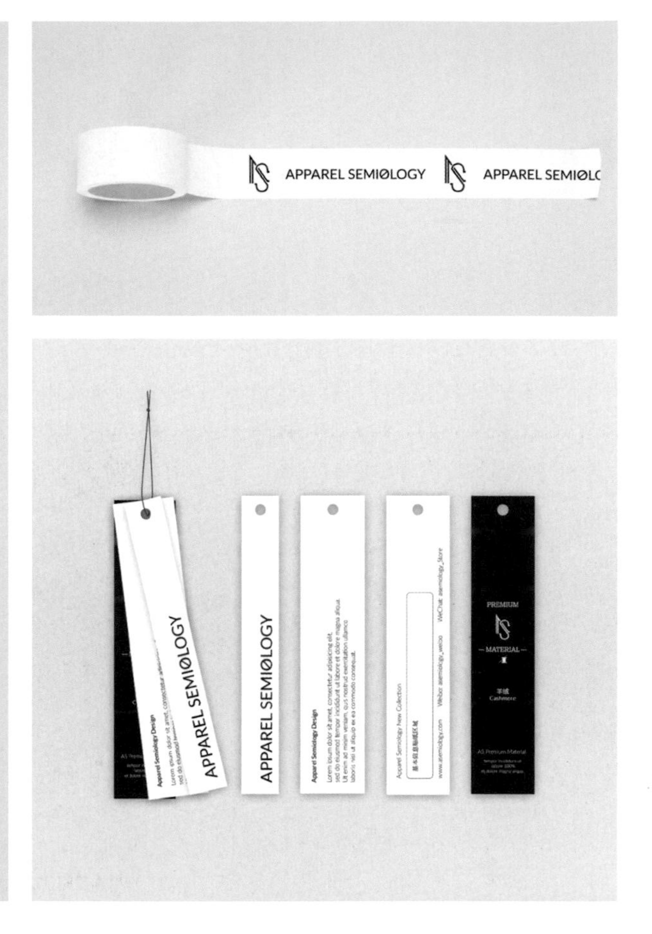
APPAREL SEMIØLOGY
APPAREL SEMIØLOGY
APPAREL SEMIØLOGY
PREMIUM
MATERIAL

APPAREL SEMIØLOGY

APPAREL SEMIØLOGY

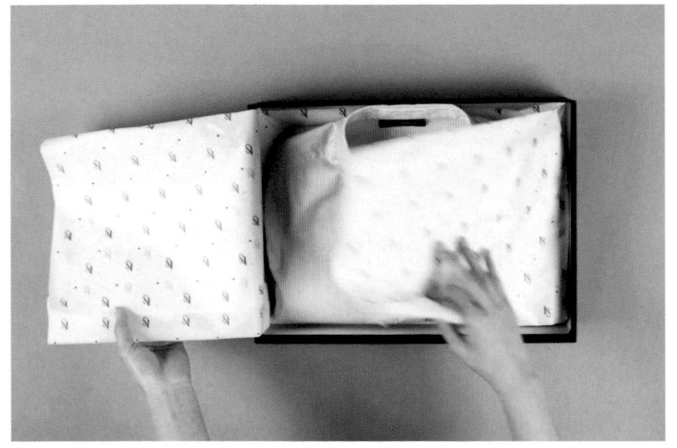

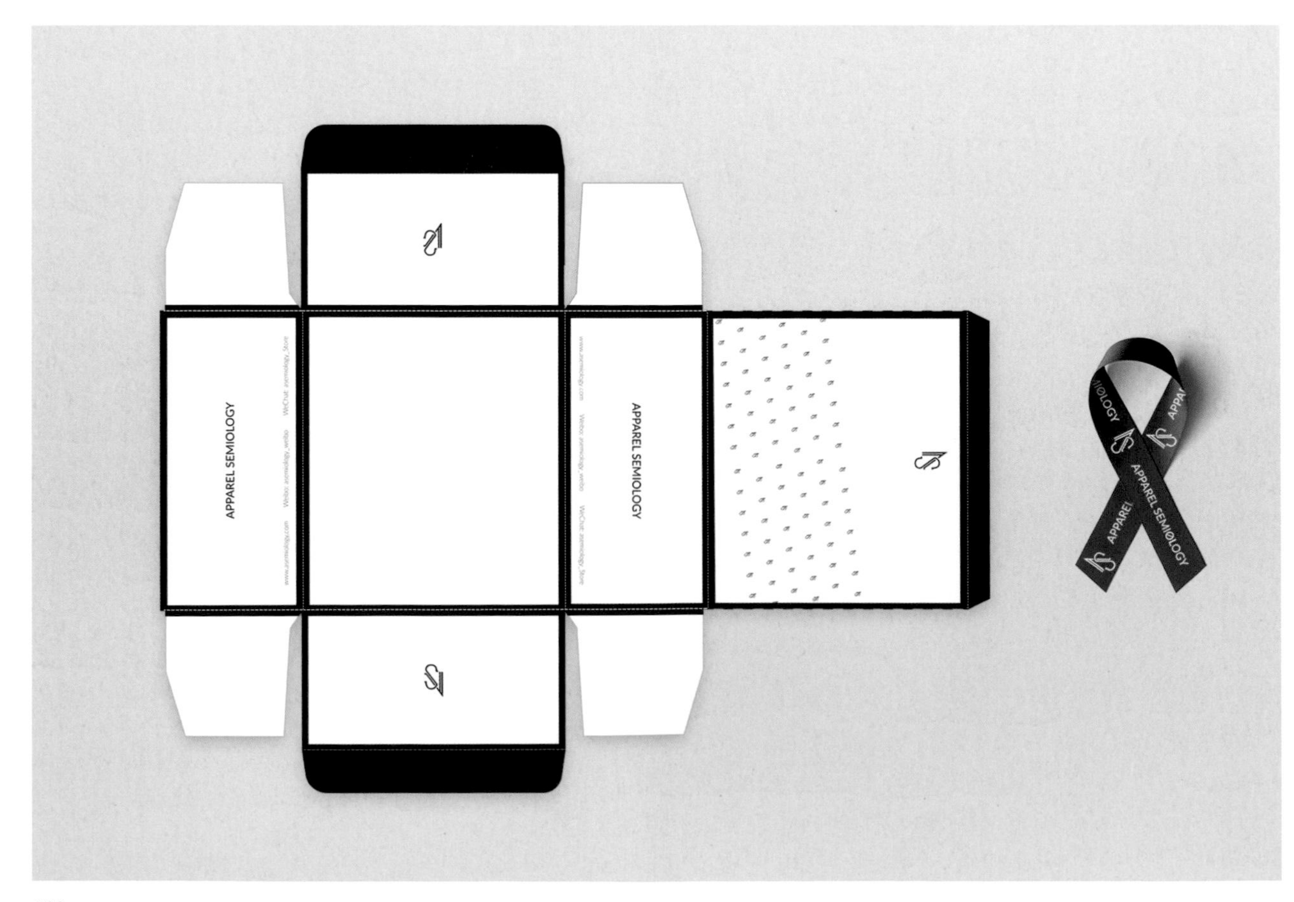
APPAREL SEMIOLOGY
APPAREL SEMIOLOGY
APPAREL SEMIØLOGY

APPAREL SEMIØLOGY
REMADE 2016S/S

APPAREL SEMIØLOGY
COLLECTION
yes offence
YES OFFENCE刺绣系列衬衫
lookbook
APPAREL SEMIOLOGY ALL RIGHTS RESERVED

A.S.新品预览

BERLIMA

Location 地點
Jakarta, Indonesia 印尼 雅加達

Design 設計
Ghiffari Haris

Art Direction 藝術指導
Ghiffari Haris

Photography 攝影
Multiple Online

由一家五口創立的精品選物店 BERLIMA，在世界各地挑選商品販售，在印尼語中 BERLIMA 便是數字「五」的意思。

位於印尼雅加達的 BERLIMA，提供一種截然不同的購物體驗，消費者感受到的是一種獨到特別的購物經驗，一種彷彿讓人在充滿居家感環境的店空間下消費。

這家只有兩個房間區塊的店鋪，讓人有著賓至如歸的感覺，還有專屬的三間洗手間、更衣室與店內廚房，像是回到家再舒適不過的氛圍。

COLLECTION
WOMAN
BERLIMA
MEN
SHOP
BERLIMA

Hoi Bo

Location 地點
Toronto, Canada 加拿大 多倫多

Design Agency 設計單位
Blok Design

Design 設計
Vanessa Eckstein, Patricia Kleeberg, Kevin Boothe

Art Direction 藝術指導
Vanessa Eckstein, Marta Cutler

Hoi Bo 是一個讓人心心念念的服裝包包品牌，她從設計師獨到的創作手法中，散發鮮明美感。影響她設計風格的是製造過程中的探索與對面料的重視。在品牌形象規劃時，是順著這樣的思路，採用產品包包的外型作為基礎元素。為了賦予強烈的品牌特質，設計公司 Blok 用了複雜的印刷手法，反映出品牌對於細節的嚴謹。

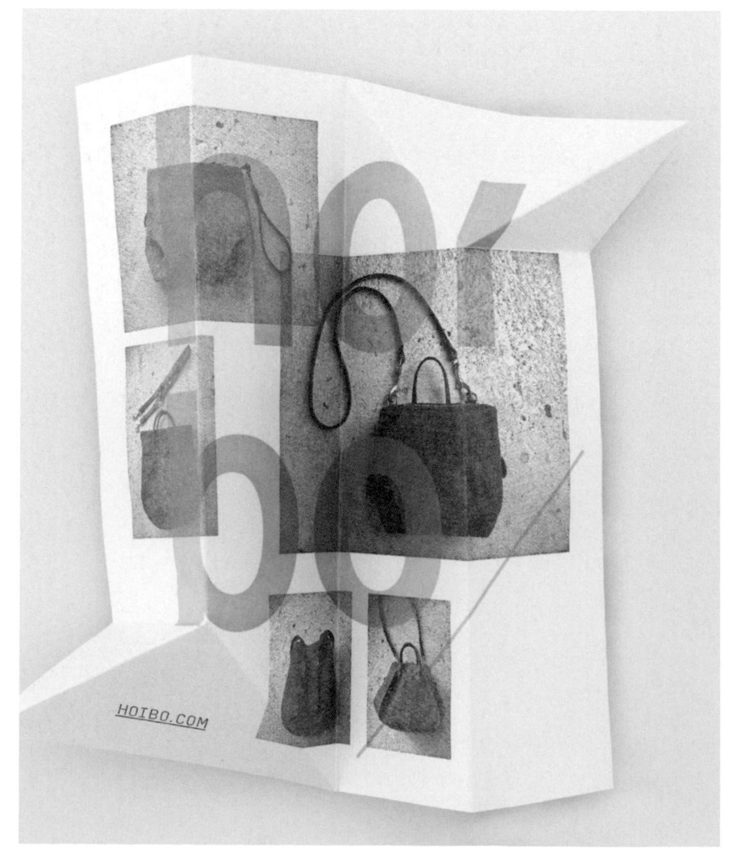

hoi
bo/

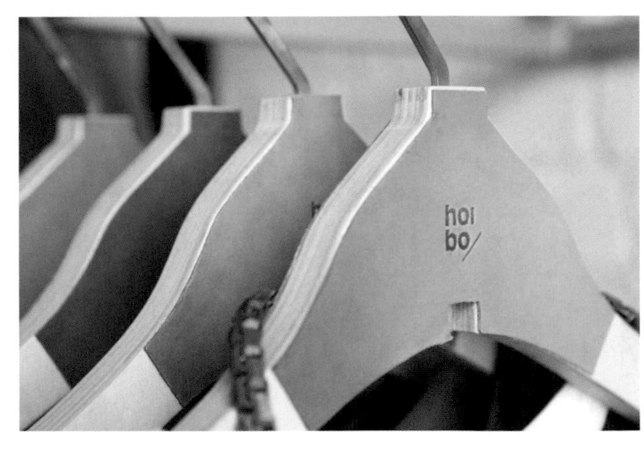
hoi
bo/

hoi
bo/

Sat-su-ma

Location 地點
Izmir, Turkey & London, UK
土耳其 伊士麥 & 英國 倫敦

Design Agency 設計單位
Pata Studio

Design 設計
Zeynep Başay

Art Direction 藝術指導
Cem Semir Haşimi

Photography 攝影
Cihan Öncü

由伊士麥植物學家 Özge Horasan 操刀設計的有機植物染服飾 Sat-su-ma，以下是關於品牌的形象識別企劃由來。

Sat-su-ma 的時裝系列「人間樂事」（Earthly Delight），9 件式極簡風迷你系列，不但使用植物染跟有機棉製作，單品之間更能隨意更換，不失比例均衡。

每件作品都是在設計師的工作室中使用有機植物，如石榴、西草、兒茶和藍草等手工染製。品牌整體的形象規劃，則是立基於古典主義植物學插畫結合時尚素材，打造摩登且自然的視覺效果。

sat·su·ma
RECONNECT WITH EARTH.
www.sat-su-ma.com
sat·su·ma
RECONNECT WITH EARTH AND DRESS YOURSELF IN A MORE REFINED AND RESPONSIBLE MANNER.
@shopsatsuma
www.sat-su-ma.com
shopsatsuma
sat·su·ma
sat·su·ma
sat·su·ma
sat·su·ma
ÖZGE HORASAN
sat·su·ma
WWW.SAT-SU-MA.COM
sat·su·ma
sat·su·ma
sat·su·ma
sat·su·ma
sat·su·ma
sat·su·ma
Earthly Delight

sat·su·ma
INDIGO
POMEGRANATE
MADDER
CUTCH

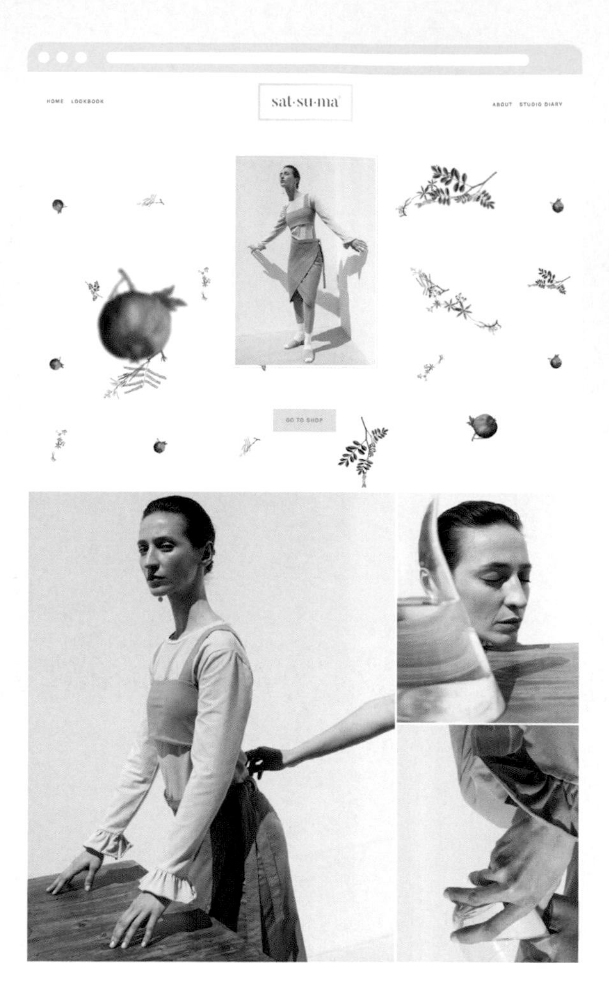
HOME
LOOKBOOK
sat·su·ma
ABOUT
STUDIO DIARY
GO TO SHOP
Sat-su-ma's new collection Earthly Delight is a minimalist nine piece capsule collection that is produced on the principles of sustainability and fair trade. Not only being plant dyed and made of organic cotton, it also includes a well-balanced functional design of its interchangeable pieces.
LOOKBOOK

Info
Sustainability
Sizing
Contact
Social
Instagram
Facebook
Pinterest
THE LATEST
SIGN UP
All rights reserved.

Cotton

Eco-Conscious

Organic

Plant dyed

Low energy footprint

Natural fibres

Fair trade

Tesa Córdoba

Location 地點
Valencia, Spain 西班牙 瓦倫西亞

Design 設計
Masquespacio

Art Direction 藝術指導
Masquespacio

Photography 攝影
Luis Beltran

時尚品牌 Tesa Córdoba 推出一個全新的訂製服飾系列，特別聚焦在使用高品質面料以及製作過程，同時關心目前的生態環境。品牌找來 Masquespacio 規劃視覺形象，重點放在「獨特性」，希望傳遞給全球每一個為自己做出決定跟選擇的女姓。不管何時，旨在打造一個優雅精緻的品牌形象，能夠恰如其分襯托得了 Tesa Córdoba 的時尚單品。回到品牌服裝本身，其所採用的色調輕盈而經典，是可以輕鬆與其他系列搭配，無季節之分。

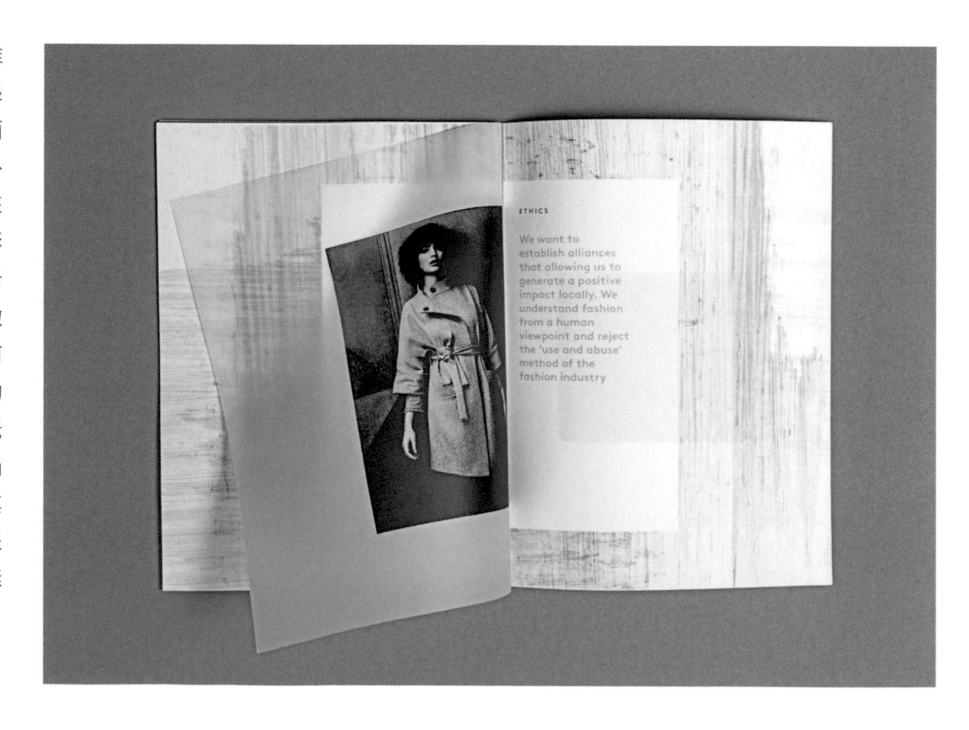

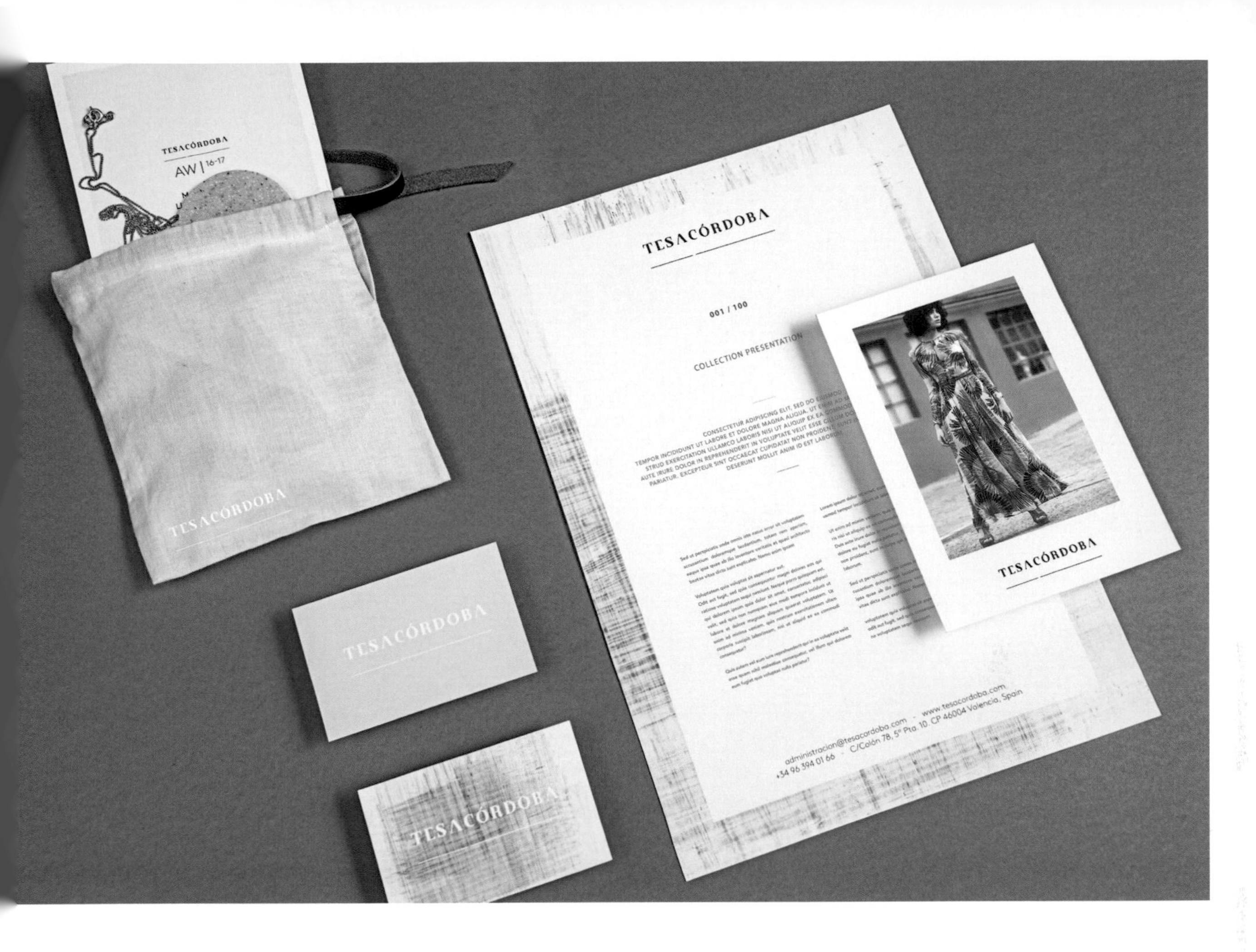
TESACÓRDOBA
AW | 16-17
TESACÓRDOBA
001 / 100
COLLECTION PRESENTATION
TESACÓRDOBA
TESACÓRDOBA
TESACÓRDOBA
TESACÓRDOBA
administracion@tesacordoba.com · www.tesacordoba.com
+34 96 394 01 66 · C/Colón 78, 5ª Pta. 10. CP 46004 Valencia, Spain

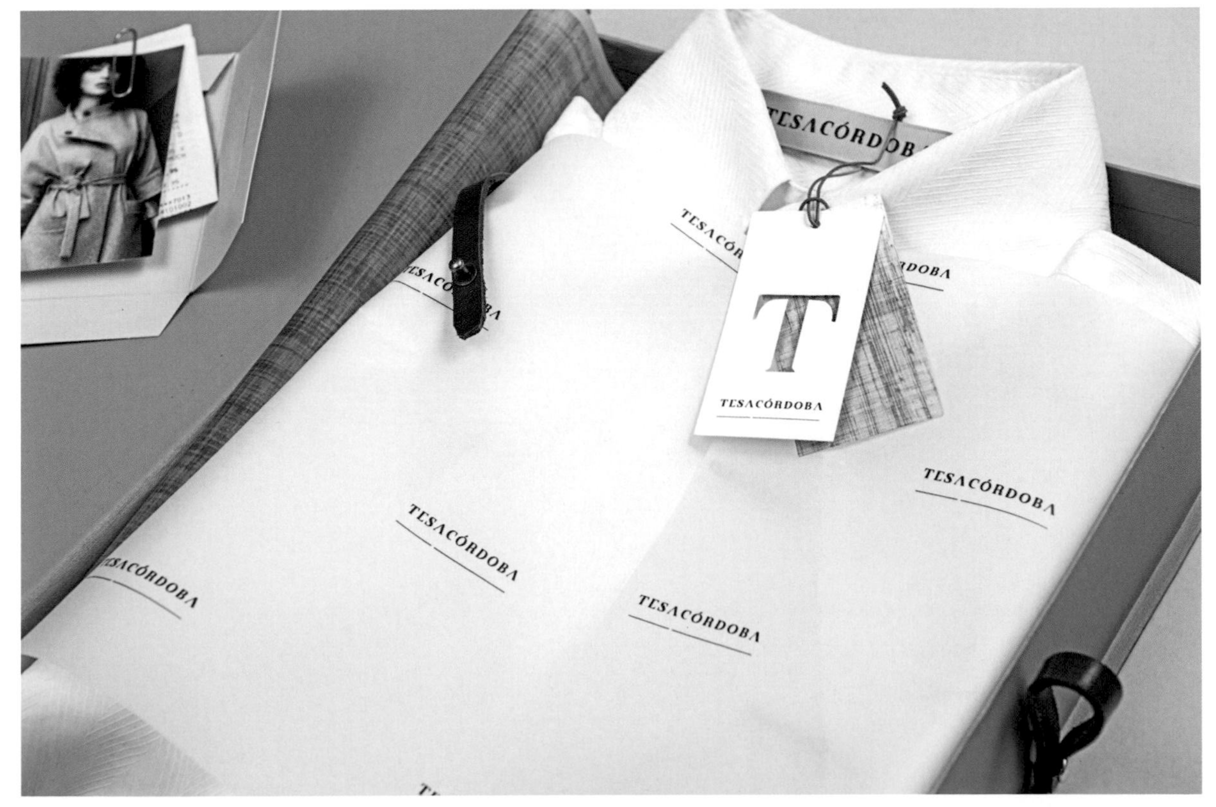
TESACÓRDOBA
T
TESACÓRDOBA
TESACÓRDOBA
TESACÓRDOBA
TESACÓRDOBA

HINT

Location 地點
Ålesund, Norway 挪威 奧勒松

Design Agency 設計單位
ELLE mELLE AS

Design 設計
Marielle Benedicte Blaalid,
Guro Synes

Art Direction 藝術指導
Marielle Benedicte Blaalid,
Guro Synes

HINT

來自挪威奧勒松的高端女裝店 HINT，新裝修的店面為顧客提供一種當代都會氛圍，形塑驚艷的購物體驗。而 HINT 選入 Riccovero、Lexington、Lulu's、In Wear、Minus、Claire、Ane Mone 等許多知名時尚品牌。

形象規劃團隊為 HINT 創造了全新商標，簡單、摩登又經典；HINT 這個帶有活力的名稱也是由規劃團隊發想，在商標中，貫穿了字母的線條代表著時尚流行的創新與多變的特質，這也將所有字母串連在一起，傳達全套搭配的概念。

9
Storgata
HINT

Instagram
hint_aalesund
HINT
25%

HINT

Sportivo.

Location 地點
Madrid, Spain 西班牙 馬德里

Design Agency 設計單位
Estudio Mendue

Design and Art Direction 設計與藝術指導
Jorge Menduiña

Photography 攝影
Federico Reparaz

Sportivo

服飾店 Sportivo 是馬德里最前衛、摩登的商店之一，它以當代風格、質感與創新精神為品牌發展奠定基礎。

從簡單的標誌和排版開始，Sportivo 字體線條組合而形成的圖像系列，塑造了該品牌意象。

這些圖像賦予 Sportivo 更為友善、趣味且摩登的感覺，不僅代表品牌的個性；同樣的，扮演符號角色的圖像，也塑造了精緻神秘的風格。

Sportivo
www.gruposportivo.com
L20

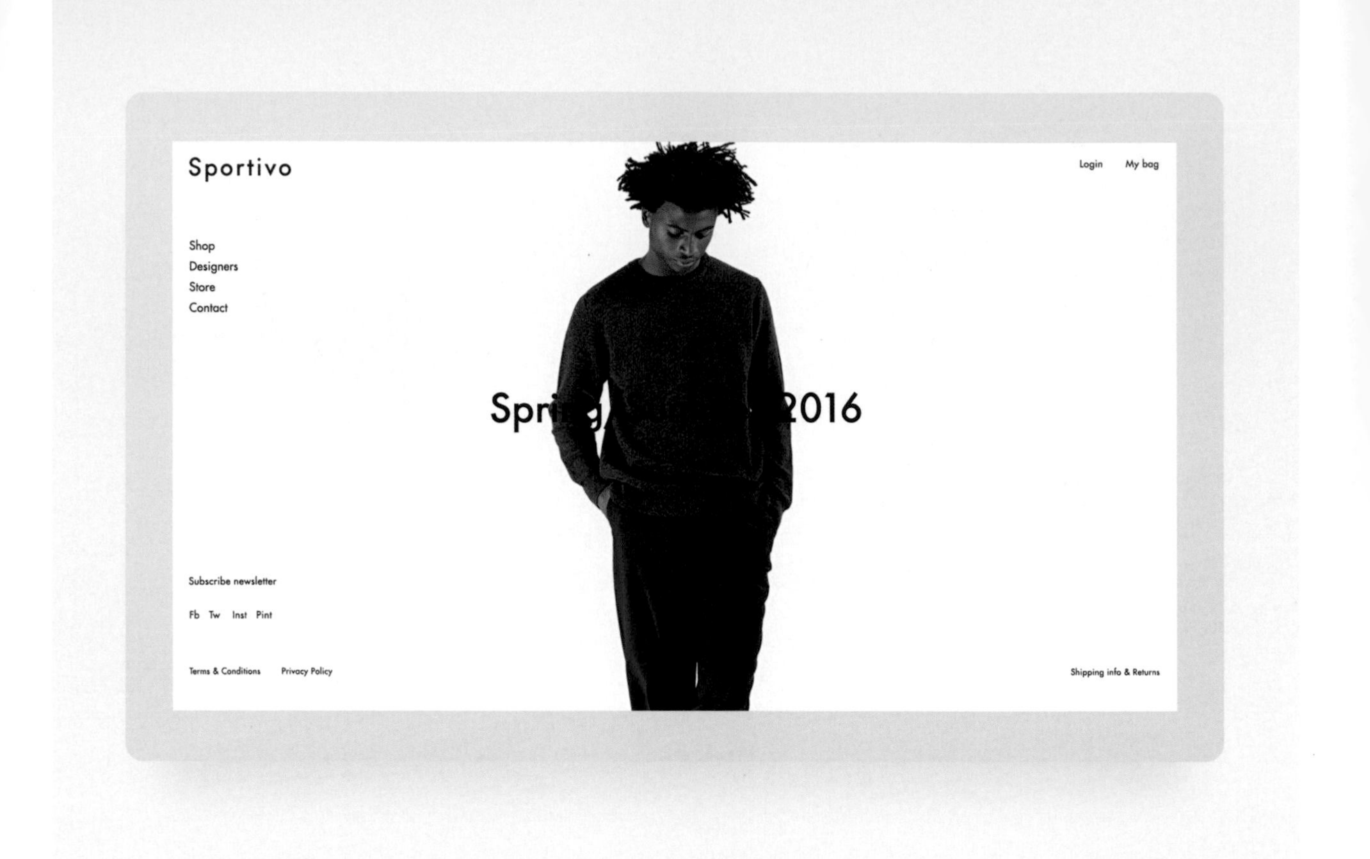
Sportivo
Login
My bag
Shop
Designers
Store
Contact
2016
Subscribe newsletter
Fb Tw Inst Pint
Terms & Conditions
Privacy Policy
Shipping info & Returns

Sportivo
A partir de hoy
rebajas del 50%
www.gruposportivo.com
sportivostore
Calle Conde Duque
▸ 153 reproducciones
sportivostore SS16 en Sportivo.
Hoy de 10 a 21h y mañana de 12 a 16h.
#condeduque #menswear #SS16 #clothing
#menstyle

Weareva

Location 地點
Varese, Italy 義大利 瓦雷澤

Design 設計
Francesco Montano

Art Direction 藝術指導
Francesco Montano

圍繞著「罪惡」、「誘惑」和「言論自由」三個概念，品牌塑造了一個詭誕卻誘惑力十足的世界。Weareva 的品牌名稱發想自聖經創世紀中原罪夏娃（Eva）的名字，「穿上」（to wear）還有「不論何時」（Wherever），以及最關鍵的「勇於犯錯」（free to sin）解釋了品牌塑造背後的理念；以象徵罪惡的蘋果做為商標，蘋果兩邊都被咬過，咬過的區塊卻狀似女性的臉龐，這種企業形象無非激發著誘惑與勇於表達的概念，不管是穿衣風格還是生活態度，都要隨時隨地敢於嘗試。

FEEL

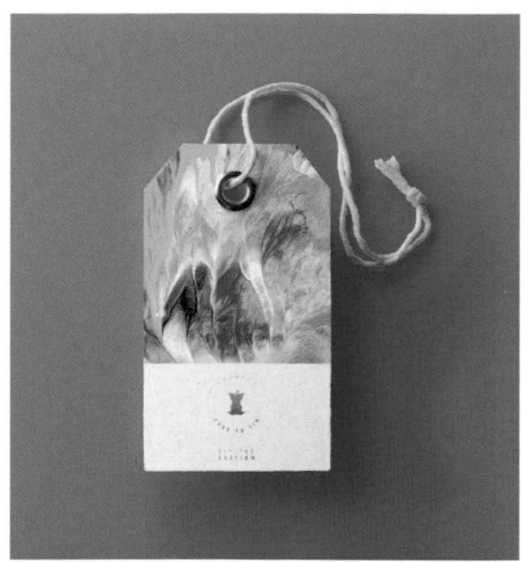

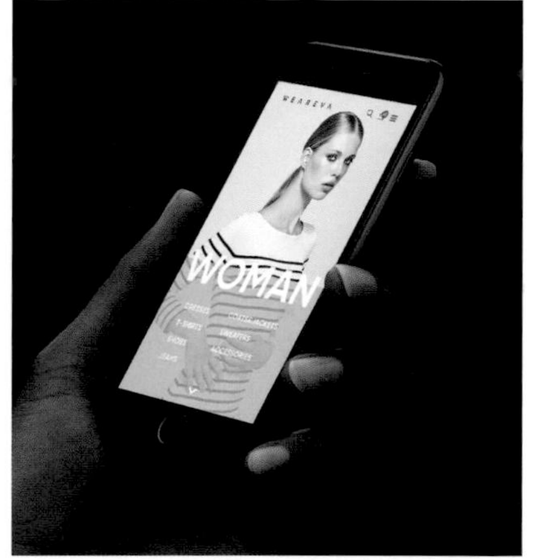
WOMAN

T-SHIRT
MAN

Thanks

WEAREVA

Dear Sinner,
50%

FEEL
FREE
TO SIN

FEEL FREE
TO SIN
www.weareva.com
WEAREVA

The Practical Man

Location 地點
Australia 澳洲

Design Agency 設計單位
Garbett

Design 設計
Paul Garbett

Art Direction 藝術指導
Paul Garbett, Danielle de Andrade

Photography 攝影
Christopher Ireland

The Practical Man 是家專賣運動風格男裝與健身服飾的零售商，他們販售自世界各地精選的頂尖運動服飾、裝備和平面刊物。形象規劃團隊為其延展一套視覺形象和風格符號，好表達他們對男士穿衣風格的獨特觀點。

THE PRACTICAL MAN

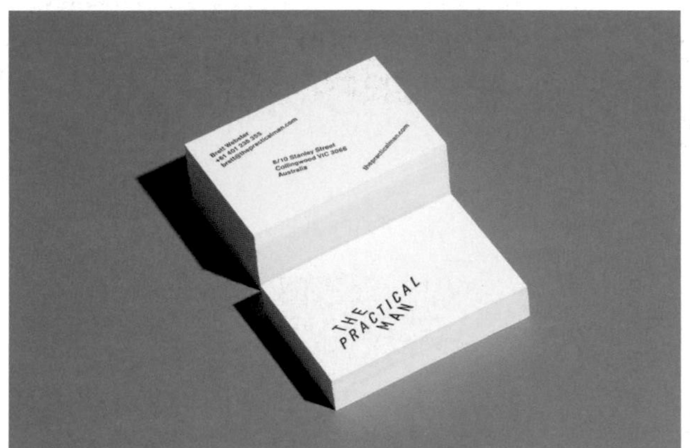

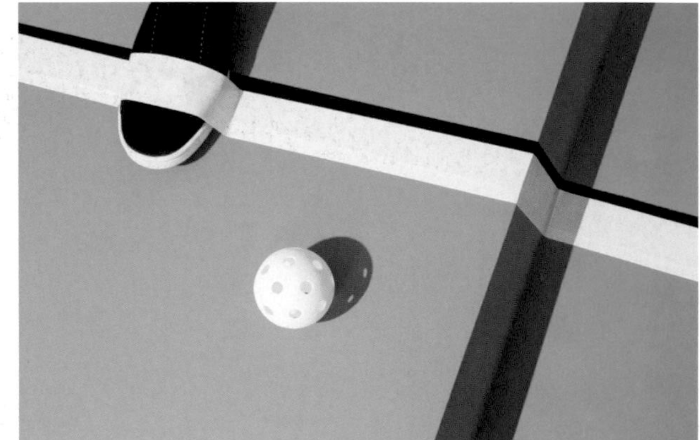

THE
PRACTICAL
MAN

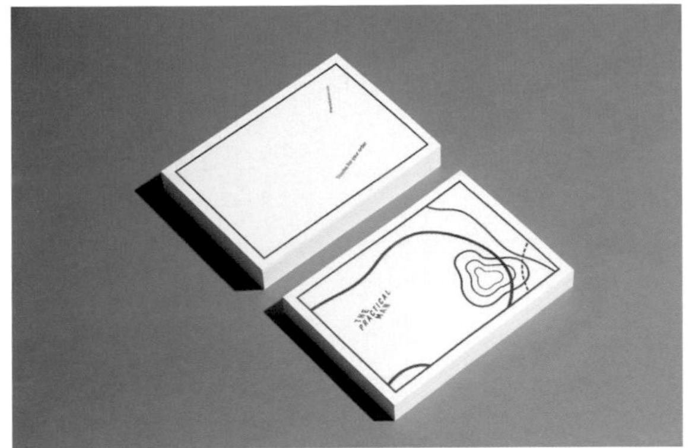

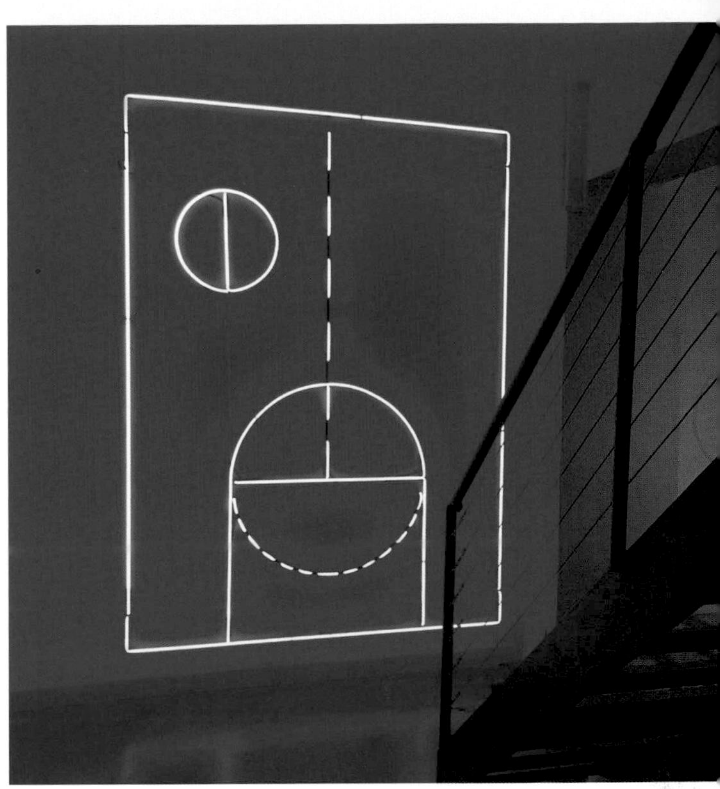

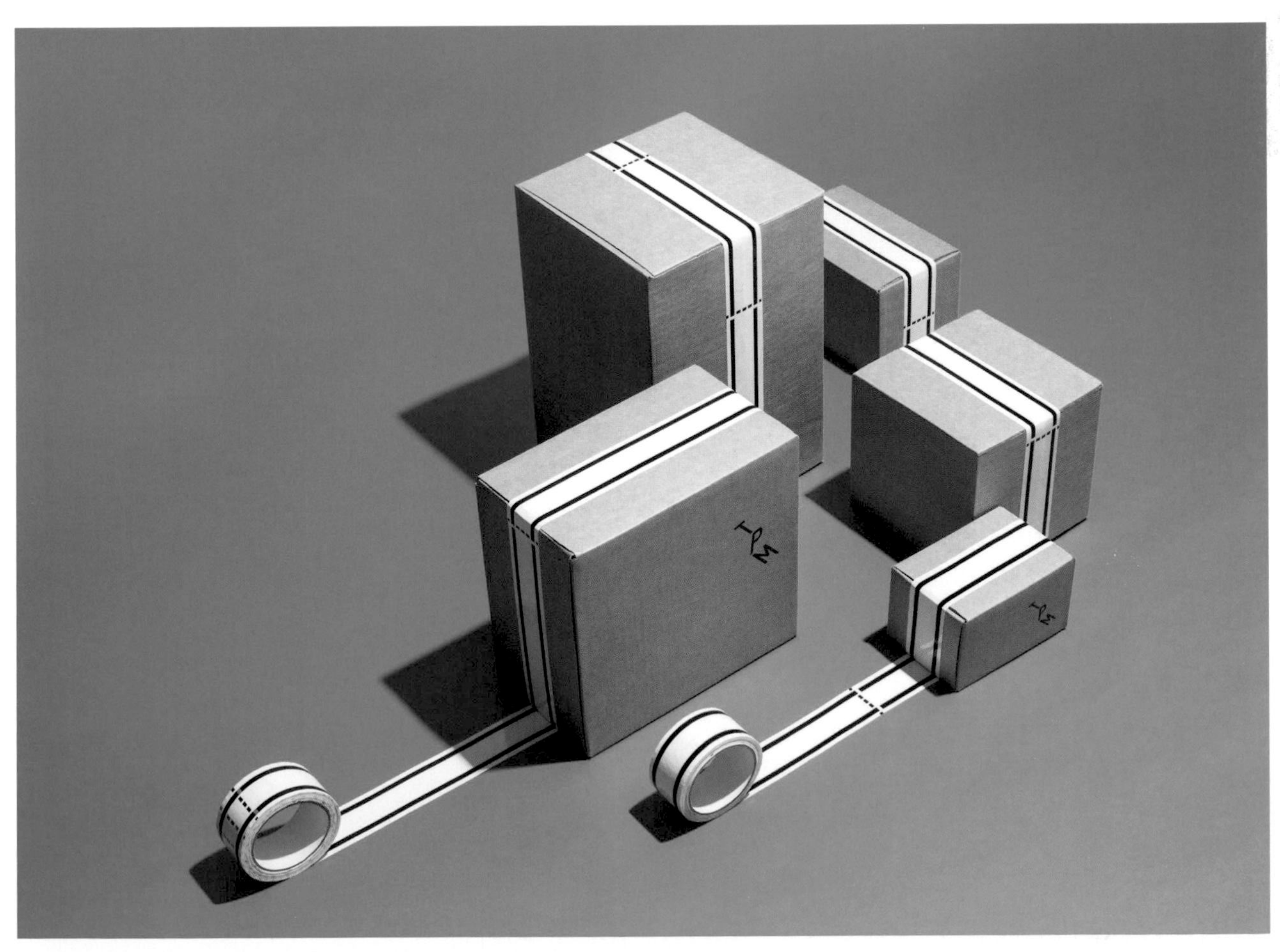

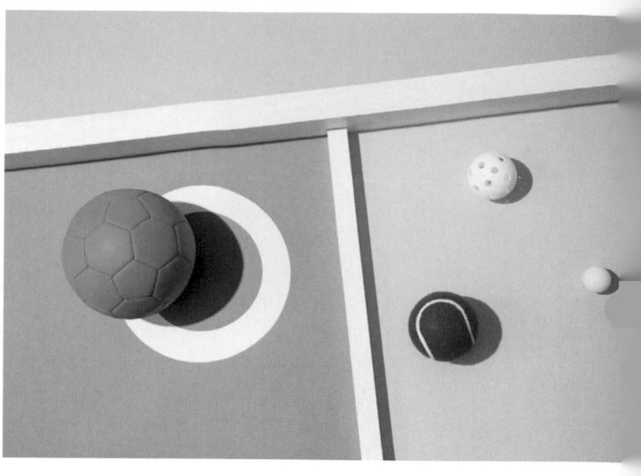

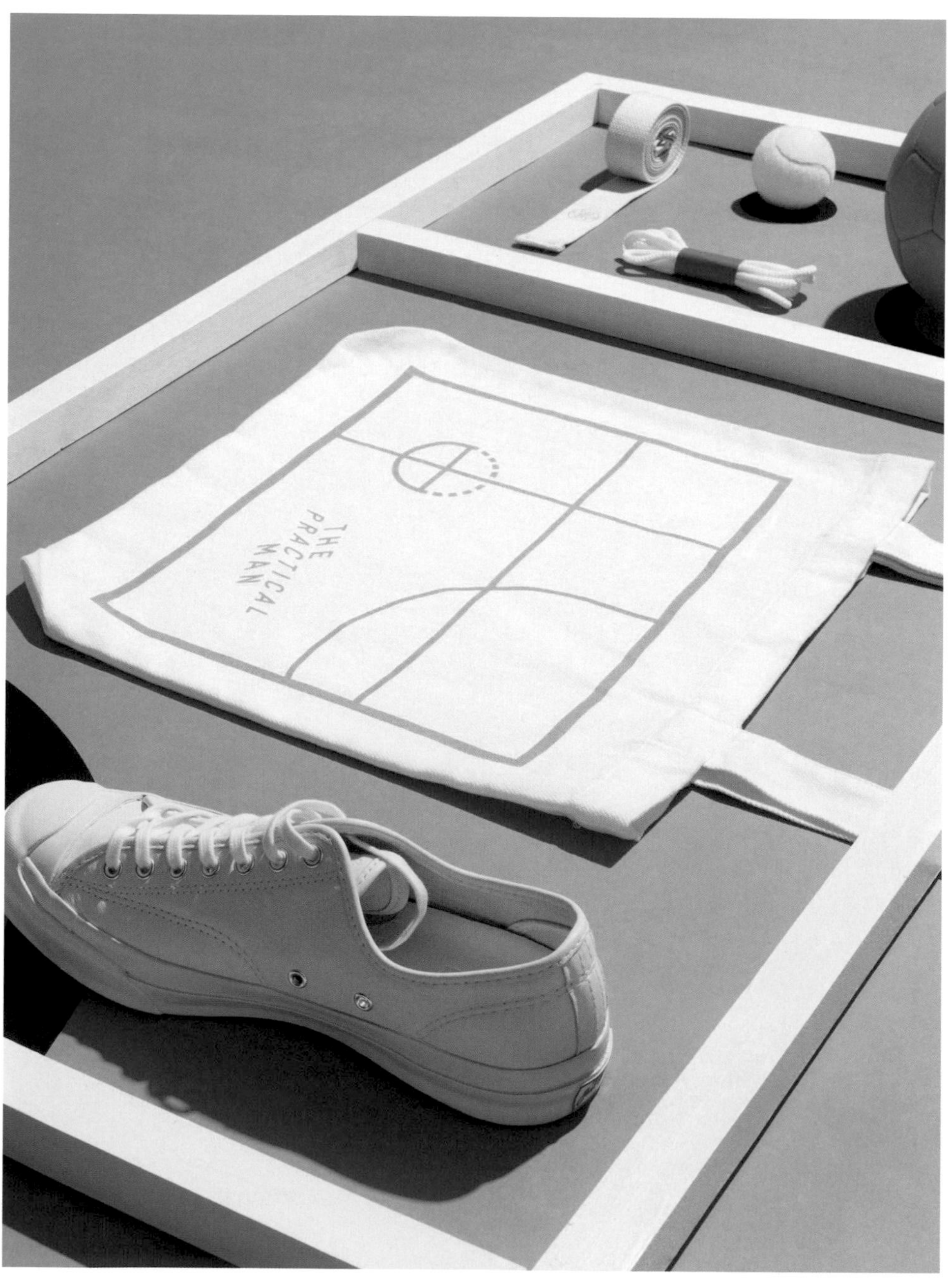
THE
PRACTICAL
MAN

THE PRACTICAL MAN
thepracticalman.com
thepracticalman.com
THE PRACTICAL MAN
thepracticalman.com
THE PRACTICAL MAN
THE PRACTICAL MAN
thepracticalman.com
THE PRACTICAL MAN
thepracticalman.com
THE PRACTICAL MAN
thepracticalman.com
THE PRACTICAL MAN
THE PRACTICAL MAN
thepracticalman.com
THE PRACTICAL MAN
thepracticalman.com
THE PRACTICAL MAN
thepracticalman.com
THE PRACTICAL MAN

Resquad

Location 地點
Tokyo, Japan 日本 東京

Design Agency 設計單位
Futura

Art Direction 藝術指導
Iván García

Architecture 建築設計
Mariel Lozano

Interior Design 室內設計
Futura, Mariel Lozano

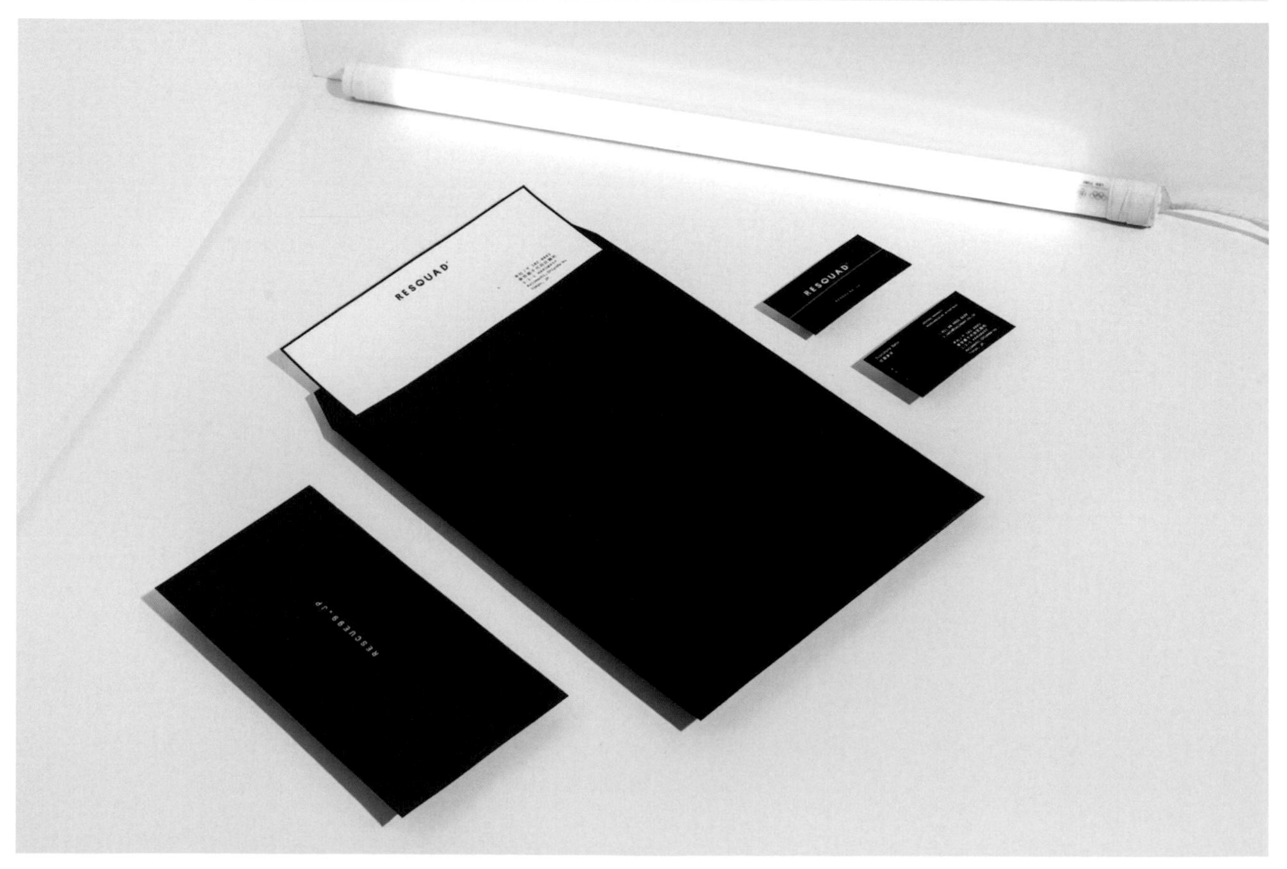

服裝店 Resquad 委託 Furua 對公司進行品牌重建，並將內部販售品牌重新整合。為了將品牌形象延伸到實際空間，Futura 和建築師 Mariel Lozano 合作。服裝店就坐落在日本青少年時尚的文化核心－東京澀谷原宿。在室內設計方面，設計團隊使用他們在塑造品牌時的關鍵元素，也就是品牌現在的商標，黑色空間卻交錯螢光黃色線條，表現出 Resquad 品牌核心的精神－日本傳統文化融合西方潮流服飾。

RESQUAD

RESQUAD

RESQUAD

RESQUAD
RESQUAD
RESQUAD
RESQUAD
01

RESQUAD
STORE.
FLAGSHIP HARAJUKU
OPENING HOURS.
ON DUTY EVERYDAY
11AM-8PM
01

RAKELITOH

Location 地點
Madrid, Spain 西班牙 馬德里

Design 設計
Erretres, The Strategic Design Company

Art Direction 藝術指導
Erretres, The Strategic Design Company

Photography 攝影
Erretres, The Strategic Design Company

Rakelitoh 是一位西班牙時尚設計師主導的生活風尚名品，她的每一件作品都傳達了品質、工藝、多功能性、獨特品牌，最重要的是「個性」。

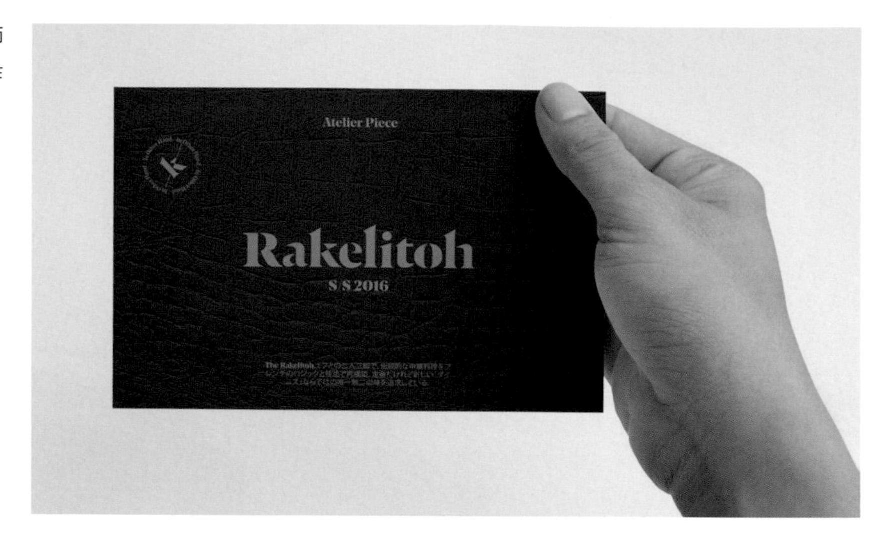

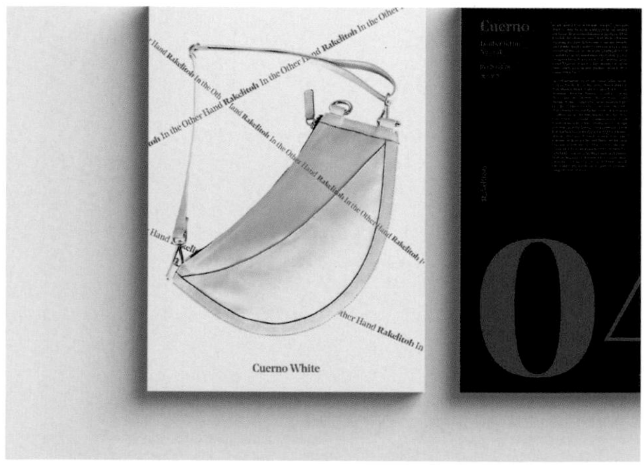

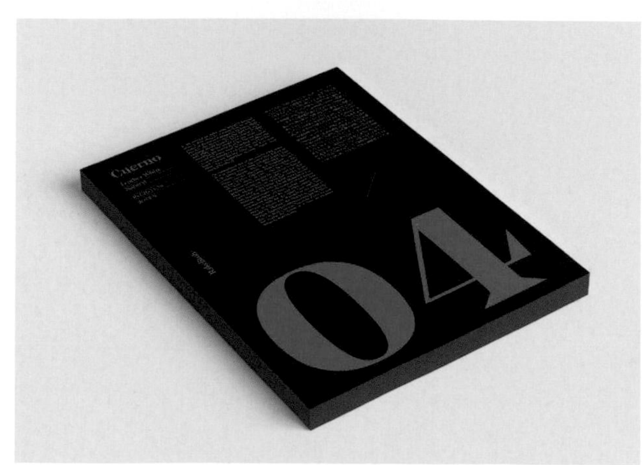

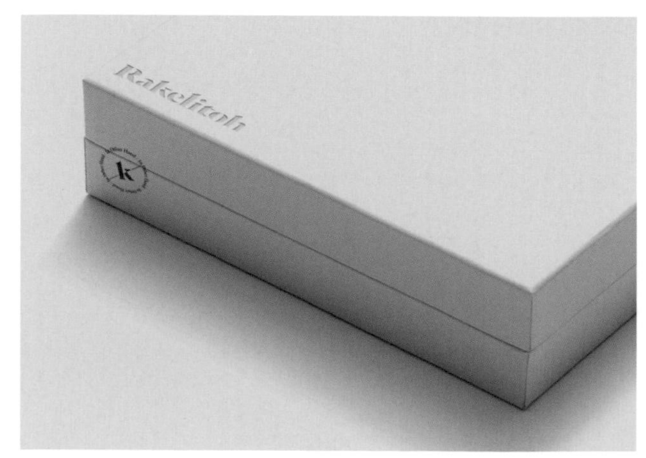

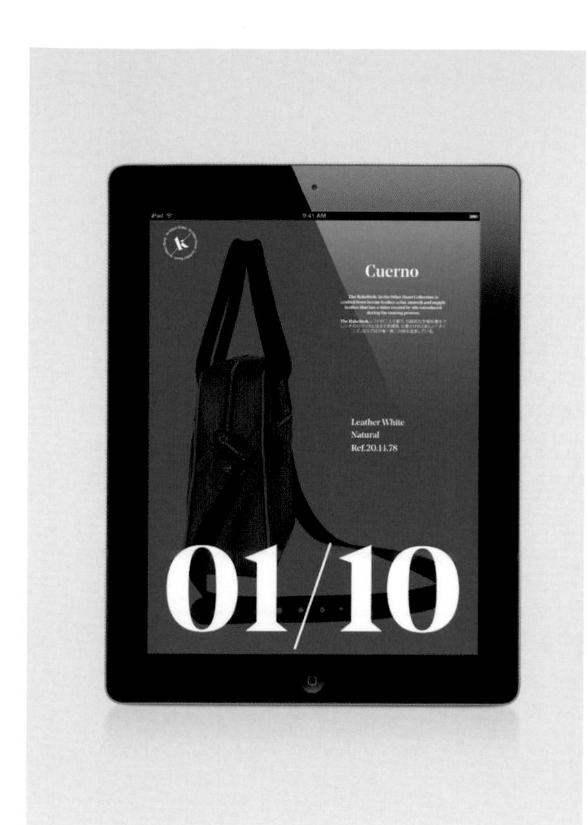
Cuerno
Leather White
Natural
Ref.20.14.78
01/10

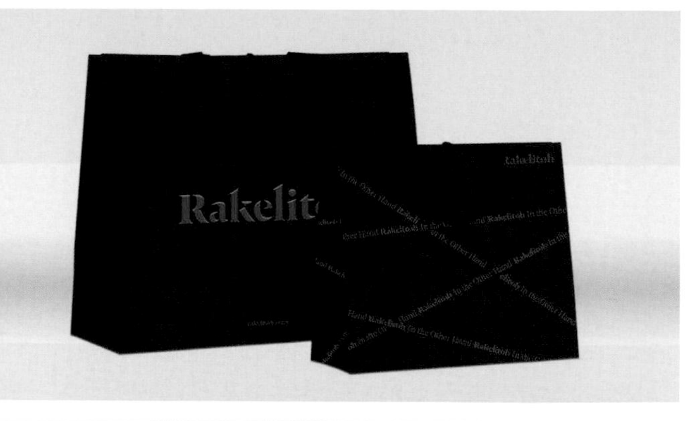
Rakelit

In The Other Hand

S/S 2016
Raquel nos ofrece un workshop singular en la particular escuela Style Paradise, en pleno campo, un lugar idílico donde aprender y disfrutar del campo y de la sabiduría del oficio a partes iguales.

Mírame

Location 地點
Chihuahua, Mexico 墨西哥 赤瓦瓦

Design 設計
Estudio Yeyé

Art Direction 藝術指導
Orlando Portillo

Photography 攝影
Raúl Villalobos

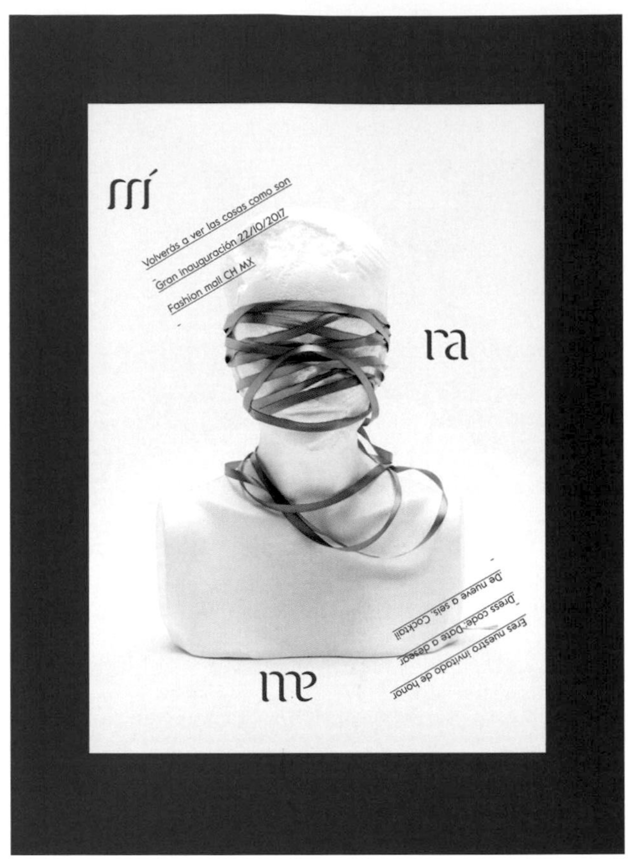

存在於世上最美的事情，便是看到一個人在其他人身上激起什麼，所有事都從一個眼神開始，愛情、友誼甚至是仇恨。Mírame 述說著這些事情對人們的重要性，特別是對女性來說。女人會為了被注目而裝扮，不管這目光來自男性或是其他女性，都在在重申人類的感性與特質。這便是與 Mariana Cano 合作品牌形象規劃的概念由來。

mí ra
me

#míramemucho

mí
ra
me

mí ra me

mí ra me

Le Polet

Location 地點
Chihuahua, Mexico 墨西哥 赤瓦瓦

Design 設計
Estudio Yeyé

Art Direction 藝術指導
Orlando Portillo

Photography 攝影
Raúl Villalobos

跟著墨西哥小鎮赤瓦瓦在地人的腳步將近 40 年，Le Polet 2016 年在 yeye design 設計工作室的主導下，把品牌形象與店鋪設計進行大改造，除了尋求一個具有新鮮感、引領話題的形象外，重點更在於打破框架，從商標字體延伸出一條無盡的線，應用到所有 Le Polet 品牌相關的視覺呈現，像是店面、包裝跟網站等等。

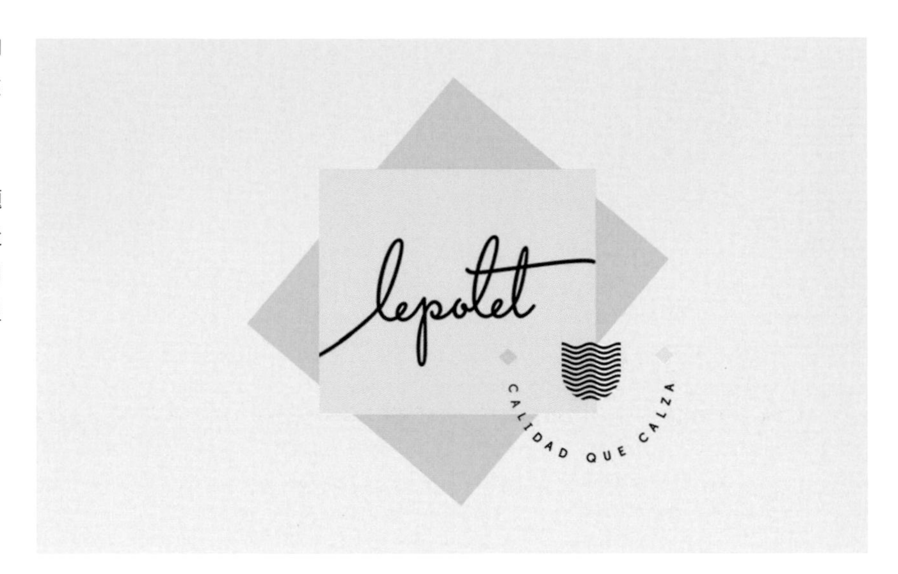

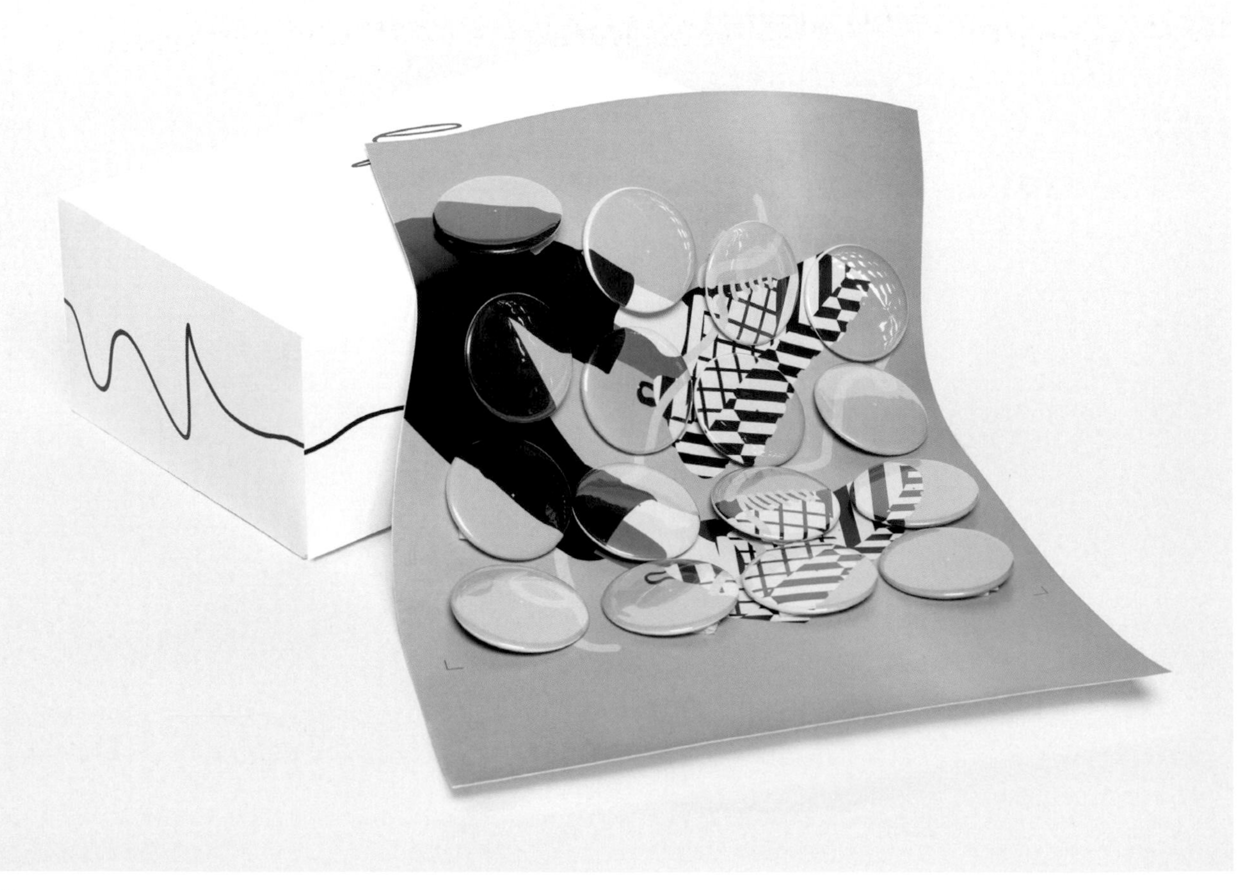

lepotet
CALIDAD QUE CALZA

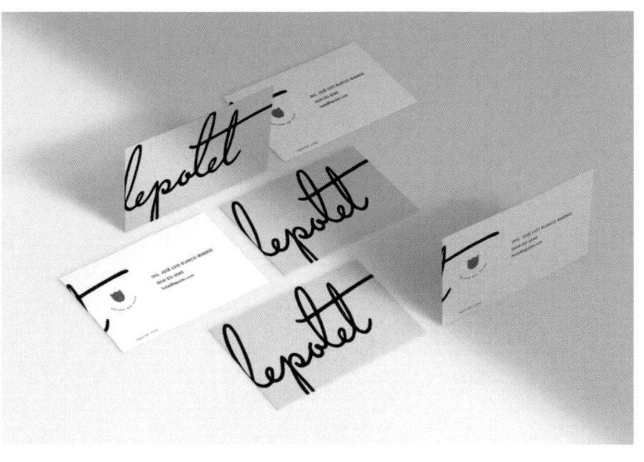
lepotet

instax

LE POLET
NUM 10

BONPAIR

Location 地點
Monterrey, Mexico 墨西哥 蒙特雷

Design 設計
Luis Othón, Isaac Charles

Art Direction 藝術指導
Communal

Photography 攝影
Luis Othón, Isaac Charles

Bonpair 是一個專注於生產高規襪子的品牌，負責視覺藝術的 Communal ，替品牌從包裝、文具、出版品、產品到織物，整合了一個全面性的形象脈絡。平面設計手法則是醞釀一種簡約且低調的符碼，讓襪子本身的設計為自己發聲。

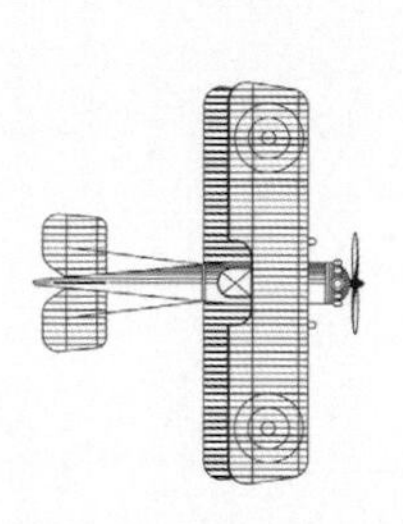

BONPAIR

Est.
MMXV

Sock
Collection

BONPAIR
BONPAIR
Life is a better journey in pairs
bonpair.com

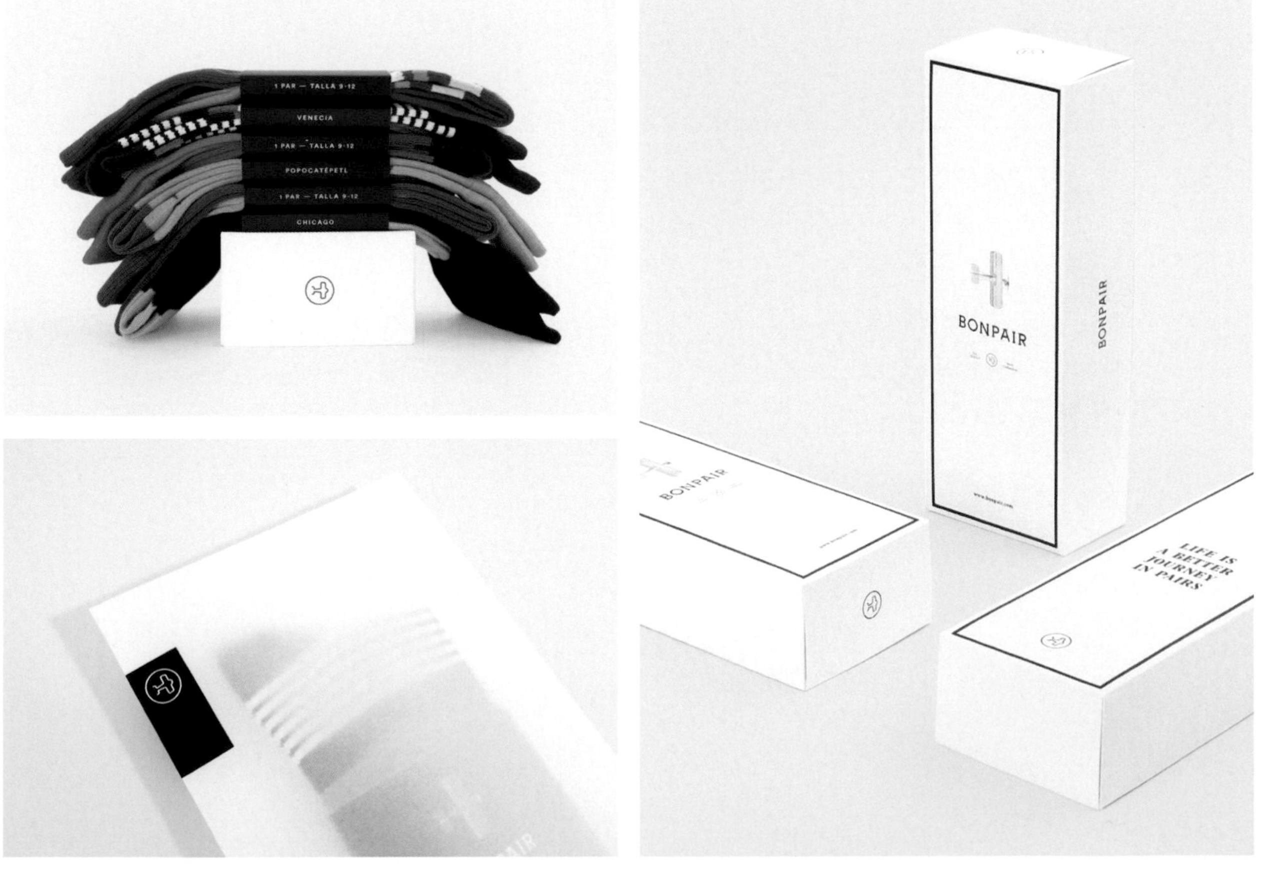
1 PAR — TALLA 9-12
VENECIA
1 PAR — TALLA 9-12
POPOCATÉPETL
1 PAR — TALLA 9-12
CHICAGO
BONPAIR
BONPAIR
LIFE IS A BETTER JOURNEY IN PAIRS

Suite Adore

Location 地點
Toronto, Canada 加拿大 多倫多

Design Agency 設計單位
Blok Design

Design 設計
Vanessa Eckstein, Monica Herrera, Kevin Boothe

Creative Direction 創意指導
Vanessa Eckstein, Marta Cutler

Suite Adore 是一家需要全新形象與網站設計的精品寄賣商，透過計畫性的鋪陳，展現時裝設計的偉大精神，讓消費者挖掘出店家對美的熱愛與對工藝細節的專注。品牌形象設計將簡約與時尚完美結合，凸顯優雅、微妙的細節與別出心裁的邊飾，反映出 Suite Adore 收藏品的經典特質。名稱 ADORE（中文意：愛慕）更是清楚表達品牌樂於分享美好事物的俏麗性格。

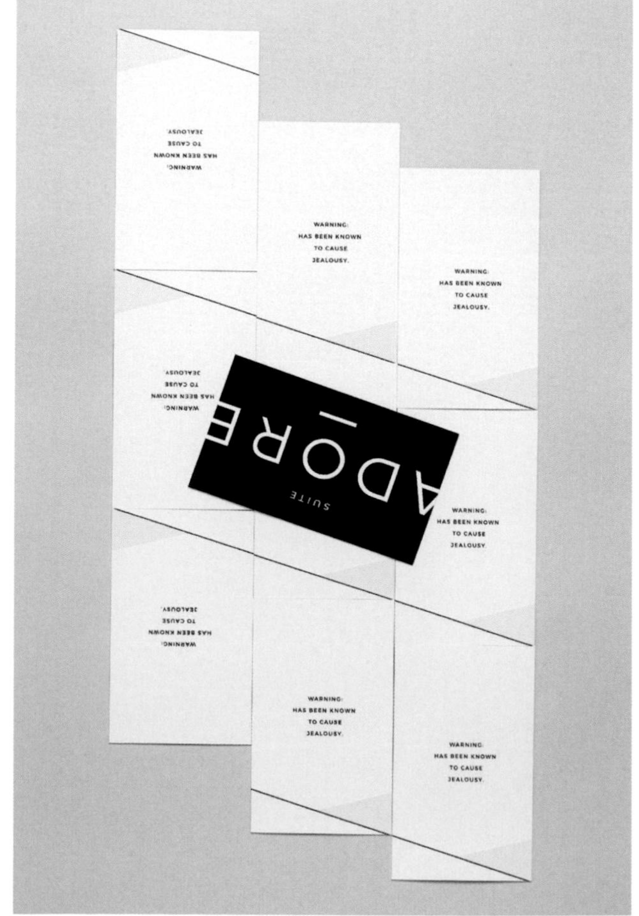

SUITE
ADORE

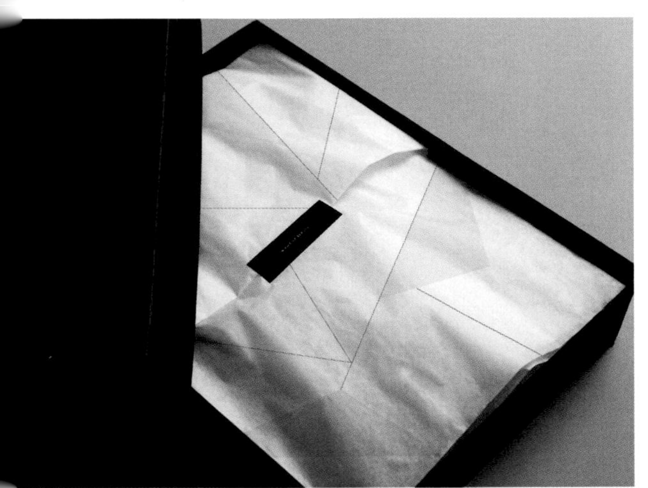

SUITE
ADORE

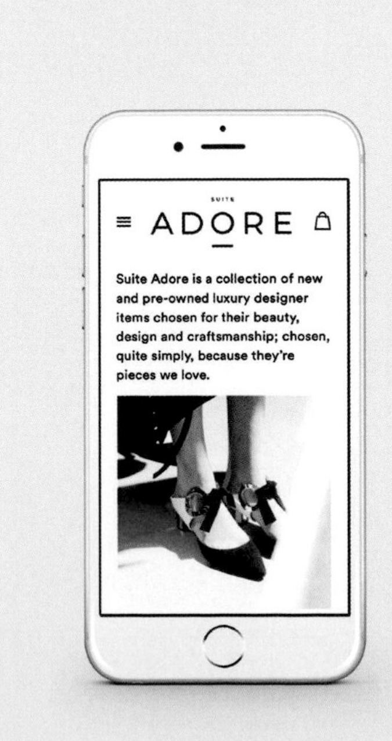
SUITE
ADORE
Suite Adore is a collection of new and pre-owned luxury designer items chosen for their beauty, design and craftsmanship; chosen, quite simply, because they're pieces we love.

NY FASHION WEEK
DON'T MISS
70% OFF SHOES

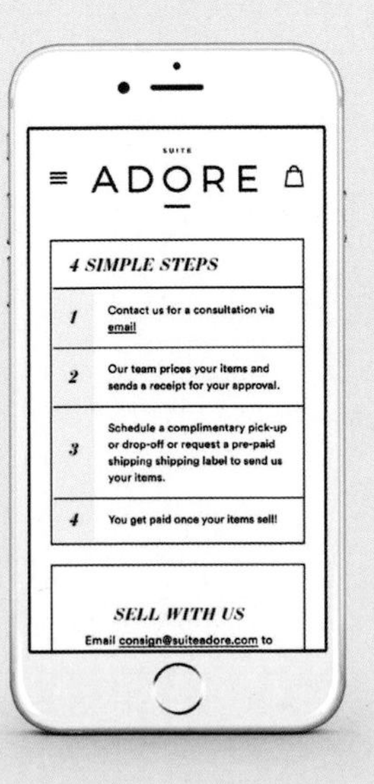
SUITE
ADORE
4 SIMPLE STEPS
1 Contact us for a consultation via email
2 Our team prices your items and sends a receipt for your approval.
3 Schedule a complimentary pick-up or drop-off or request a pre-paid shipping shipping label to send us your items.
4 You get paid once your items sell!
SELL WITH US
Email consign@suiteadore.com to

WS^{2} — Warsaw Sneaker Store

Location 地點
Warsaw, Poland 波蘭 華沙

Design Agency 設計單位
Progressivo PSV studio

Design and Art Direction 設計與藝術指導
Piotrek BDSN Okrasa

Photography 攝影
Progressivo PSV studio

WS^{2} 的分店「CL20」是波蘭華沙最大的街頭服飾與時尚選品店，形象設計團隊為其印刷品、文具、包裝、網站、服務項目和贈品等設計了一套原創的視覺系統。簡潔的排版設計，以及黑白色系的搭配，讓品牌充滿年輕、摩登的活力個性。

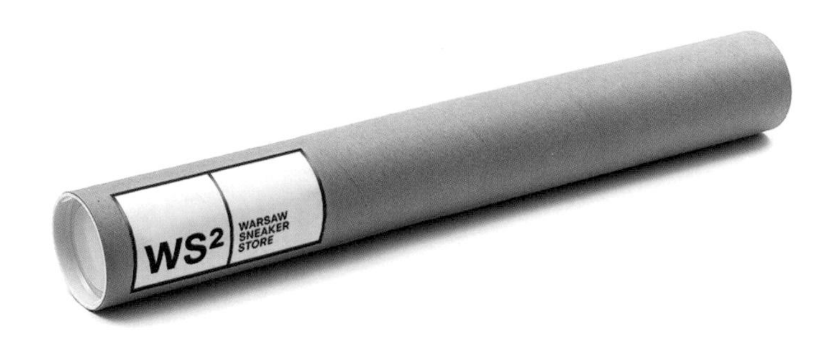

WS2

WS2

WS2
WARSAW
SNEAKER
STORE

WS2
STORE
WS2
WARSAW
SNEAKER
STORE

Pardo Family

Location 地點
Cantabria, Spain 西班牙 坎塔布里亞

Design Agency 設計單位
Mubien

Design 設計
David Mubien

Art Direction 藝術指導
David Mubien

Photography 攝影
Víctor Mubien, Sergio Cuevas

Pardo Family 旗下有許多家風格獨特的門市，幾十年來最在意的便是商品的品質與獨特性，以及店面外觀。專做品牌規劃的 Mubien 設計公司協助其改名，除了從 Tiendas Pardoe 改成 Pardo Family，並設定了每家門市（如 Pardo Chica、Pardo Chico、Pardo infantil...）的目標客群。Mubien 為他們開發了專屬的商標，可以在不同季節改變顏色與圖案。還調整了商標的擺放位置，改版網站與線上商店。

SUANCES
PARDO
Family
1974

PARDO
Suan-ces
EST. 1974
FAMILY

Pardo
SUANCES
EST.
FAMILY
1974

PARDO
FAMILY
Suances
19
74

PARDO
Family
19
74
Suan
ces

EST.1974
SUANCES
Pardo
FAMILY

PARDO FAMILY
1974
SuanCes

P - A - R
D - O - FAM
ILY
Suances
19
74

Pardo
family
SUAN
-CES
1974

Elegancia
es poco
SHOP ONLINE
www.pardostore.com
Facebook – Instagram
#tiendaspardo

PARDO FAMILY
Pardo
SUANCES
EST.
FAMILY
1974
SuanCes

PARDO
Family
19
74
PARDO FAMILY
SuanCes
SUANCES
PARDO
Family
1974

Pardo deco
Me lo llevaría todo
SHOP ONLINE

PARDO FAMILY
P
1974
Pardo deco

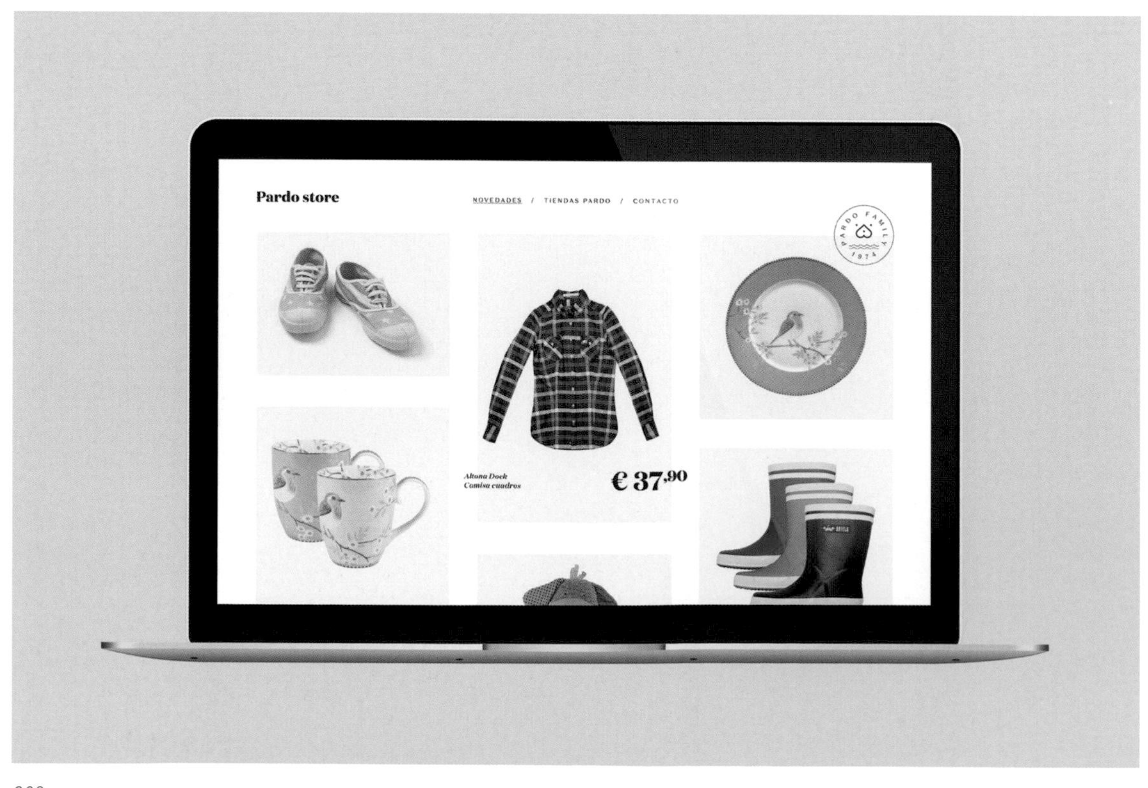
Pardo store
NOVEDADES / TIENDAS PARDO / CONTACTO
PARDO FAMILY
1974
€ 37,90

PARDO FAMILY
1974
Pardo infantil

PARDO FAMILY
P
1974
Pardo chico

Pardo chico
Rebajas
30%
Rebajas
50%

The Bijou Factory

Location 地點
California, USA 美國 加州

Design Agency 設計單位
Phoenix The Creative Studio

Account Executive 營運管理
Fouad Mallouk

Art Direction 藝術指導
Clément Piganeau

Creative Direction 創意指導
Louis Paquet

Design 設計
Anthony Morell

Phoenix 創意工作室打造了一個全訂製的盒子，打破傳統珠寶盒的設計與概念，可變成品牌產品的展示櫥窗。呼應珠寶與主要客戶的需求，他們構思了一個清新、繽紛且柔和的包裝，而盒子包裝的方式，讓人聯想到手工製作與多變的珠寶作品。

為了呈現品牌的 DIY 精神，他們更衍生出標籤：「『由你打造』的珠寶」，強化讓消費者參與體驗的氛圍。

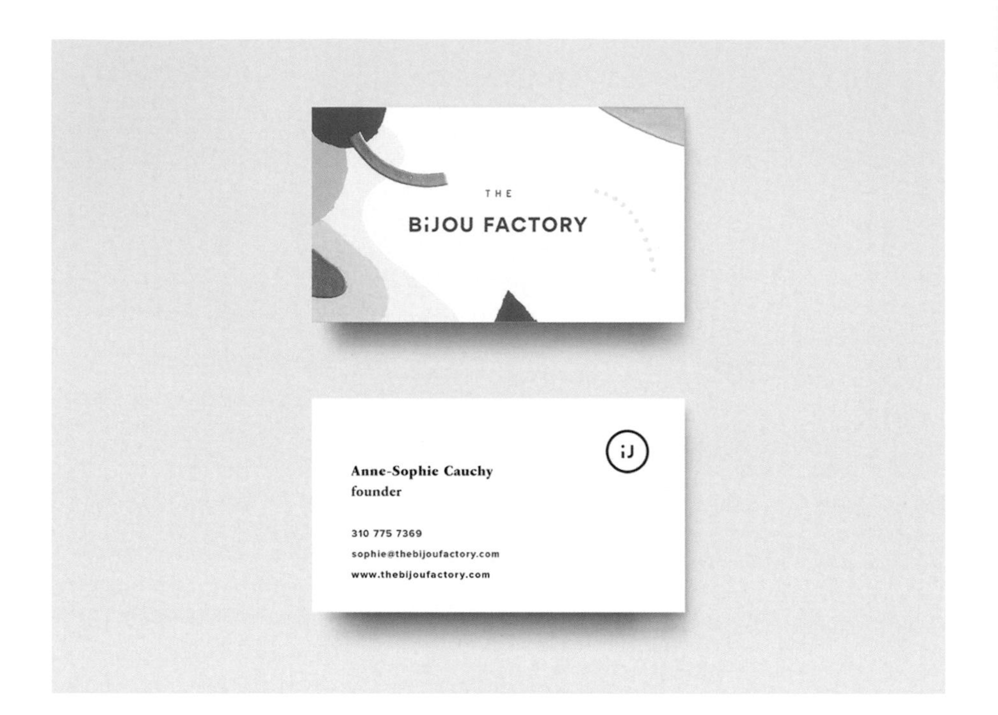

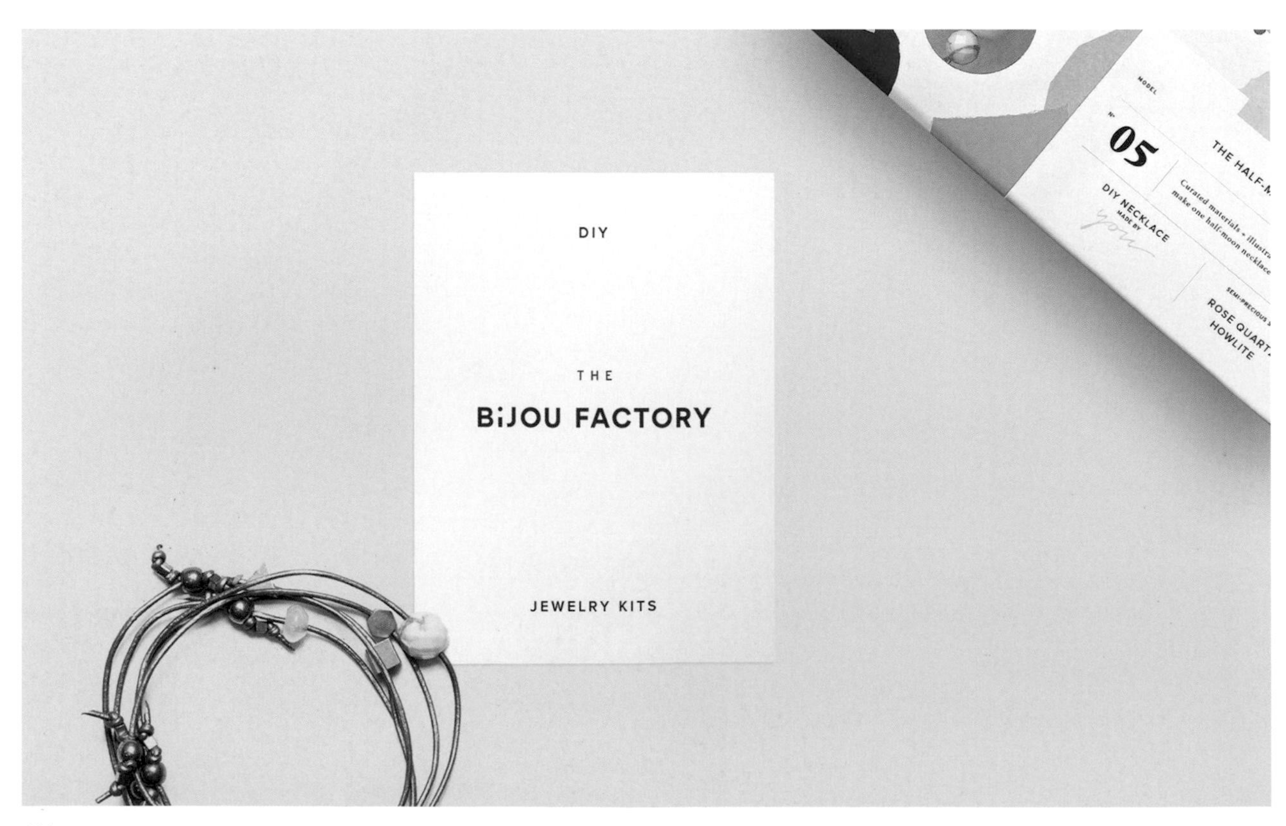

06
05
04
03
02
01
THE
B:JOU FACTORY
02
DIY NECKLACE

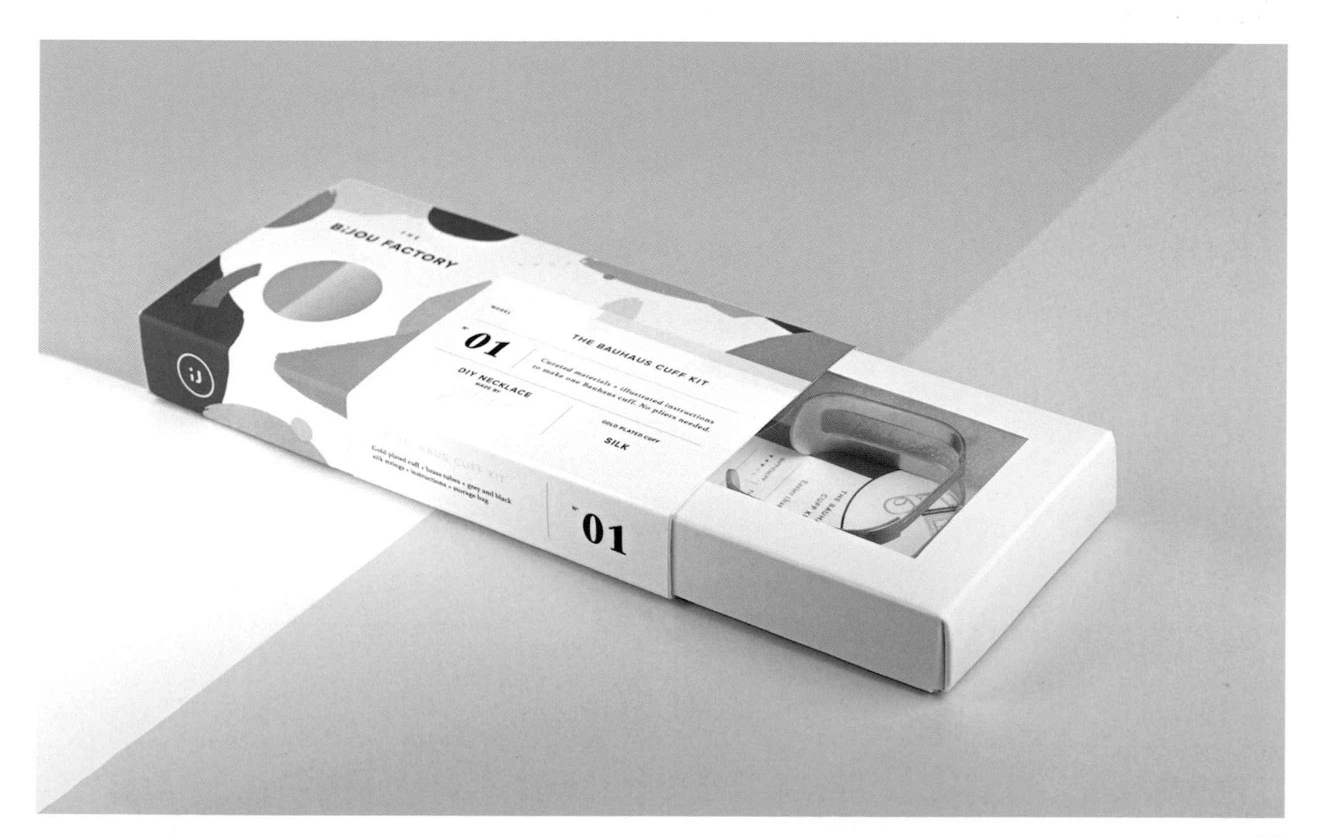
THE
B:JOU FACTORY
MODEL
01
THE BAUHAUS CUFF KIT
Curated materials + illustrated instructions to make one Bauhaus cuff. No pliers needed.
DIY NECKLACE
MADE BY
GOLD PLATED CUFF
SILK
01

SIDO

Location 地點
Tokyo, Japan 日本 東京

Design 設計
Erretres, The Strategic Design Company

Art Direction 藝術指導
Erretres, The Strategic Design Company

Photography 攝影
Erretres, The Strategic Design Company

BREATHABLE,
FLEXIBLE & FUN
包帯パンツ

總部位於東京的日本內衣品牌 Sido，它能脫穎而出是因為它的商品使用了名為 Hohtai 的專利紡織品。

形象設計的目標不只是打造一個強調機能性的品牌，還需提高品牌知名度發展成國際規模，在這樣的初期定位下，「機能中的趣味」被視為品牌核心，因此品牌形象就必須能夠同時反映出產品功能，還有兼具酷炫、當代與吸引人的氛圍。

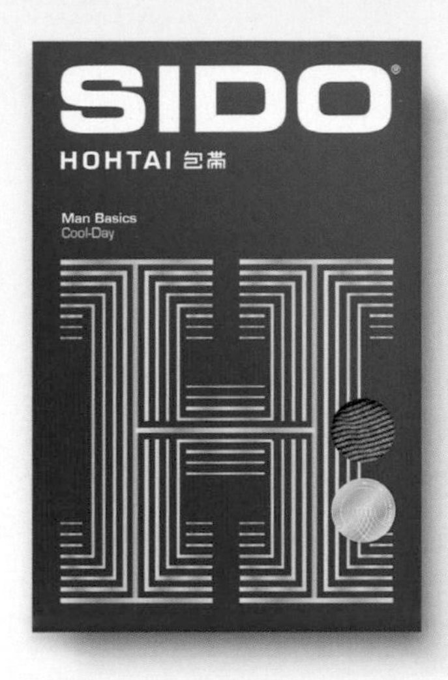
SIDO
HOHTAI
Man Basics
Cool-Day

SIDO
HOHTAI
Pemium
Collection

SIDO
HOHTAI
Woman Basics
Cool-day

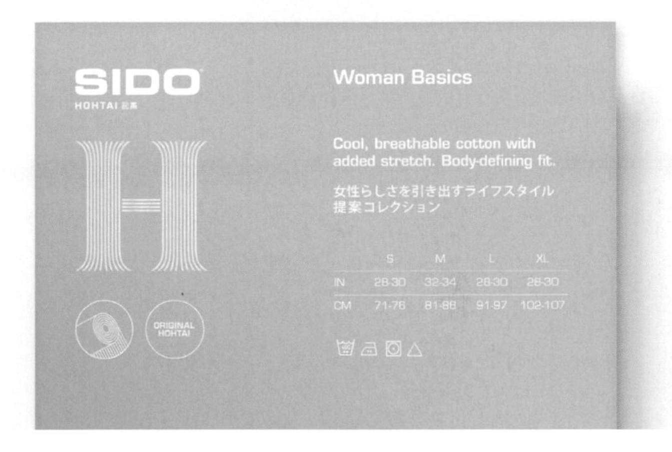
SIDO
HOHTAI
Woman Basics
Cool, breathable cotton with
added stretch. Body-defining fit.
女性らしさを引き出すライフスタイル
提案コレクション
S M L XL
IN 28-30 32-34 28-30 28-30
CM 71-76 81-86 91-97 102-107
ORIGINAL
HOHTAI

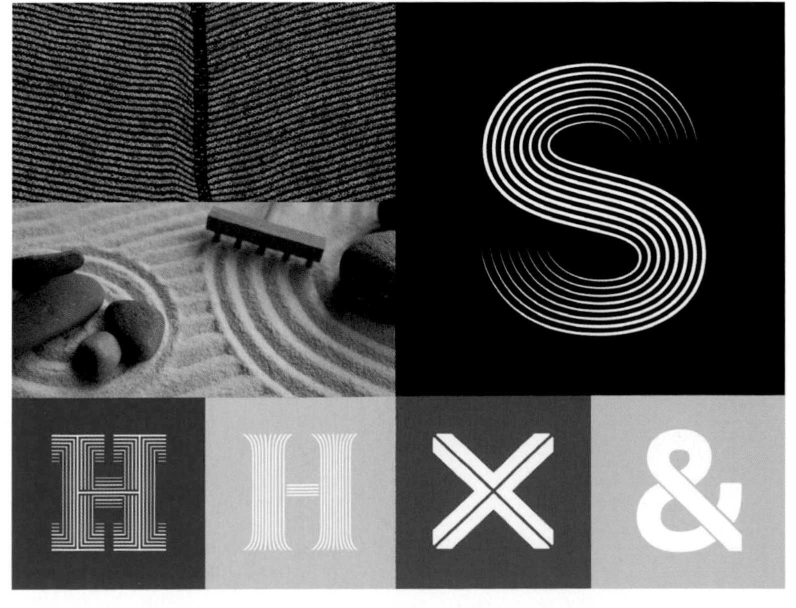

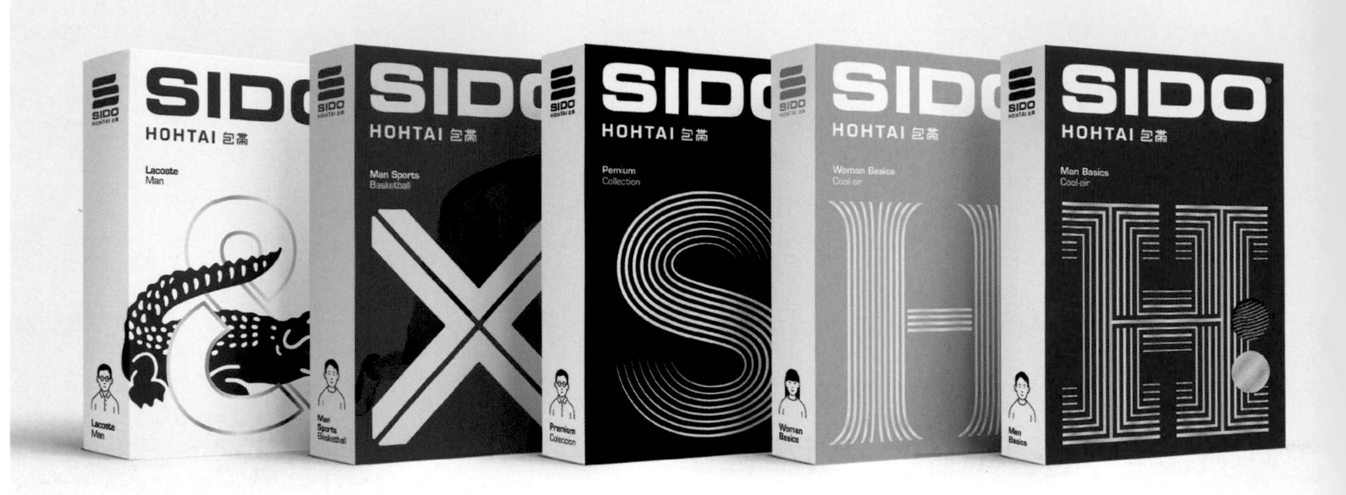
SIDO
HOHTAI 包滿
Lacoste
Man
Man Sports
Basketball
Pemium
Collection
Woman Basics
Cool-air
Man Basics
Cool-air

SIDO

Pemium
Collection

WOMAN BASIC
COLLECTION
SIDO
PREMIUM
COLLECTION
SPORTS
COLLENTION
MAN BASIC
COLLECTION
COLLABORATIONS
COLLENTION

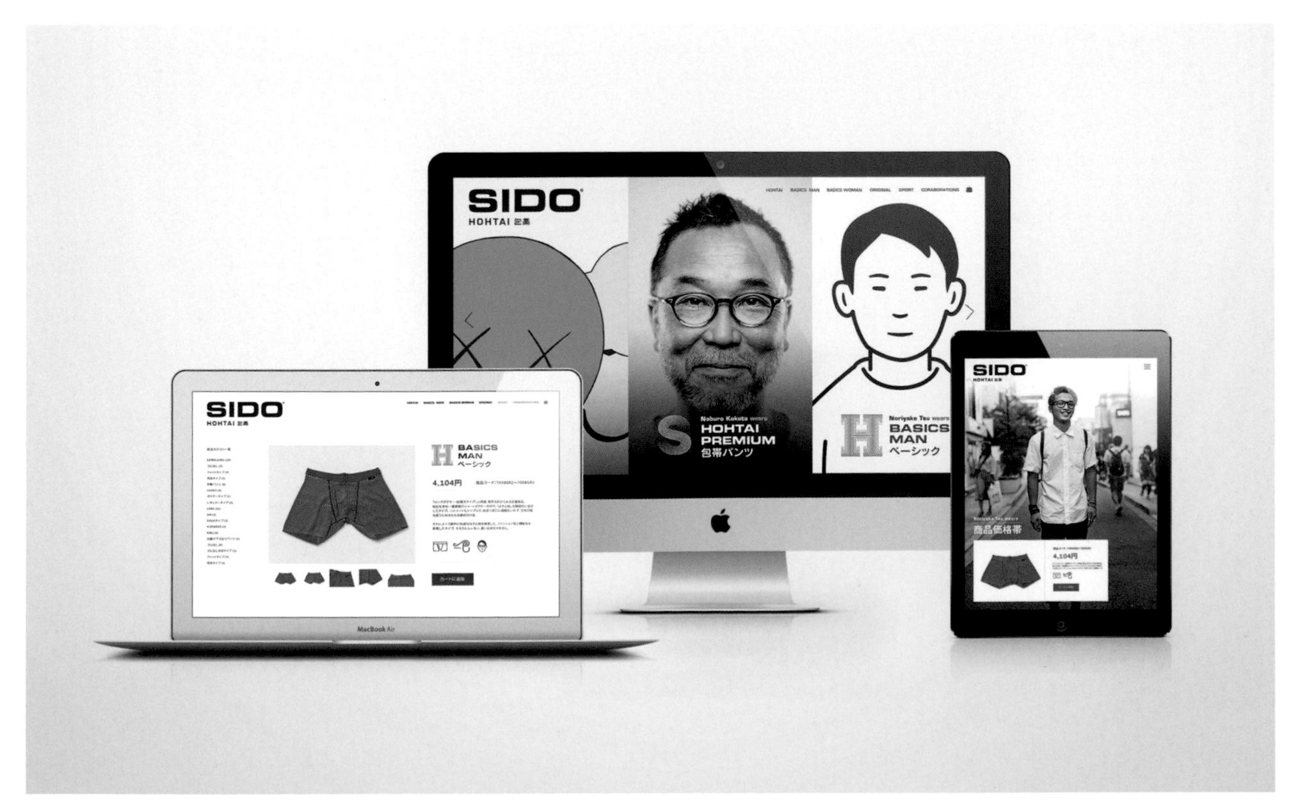
SIDO
HOHTAI
HOHTAI
PREMIUM
包帯パンツ
BASICS
MAN
ベーシック
4,104円
MacBook Air

AFFAIRS

Location 地點
Indonesia 印尼

Design Agency 設計單位
Fanrong Studios

Design 設計
Andreas Adiel

Art Direction 藝術指導
Andreas Adiel

Photography 攝影
Bayi Putri Setyarini

3D Artist 3D 創作
Avis Trisena

AFFAIRS 將設計與生產服裝的重點放在呼應人們的需求上，由充滿熱情的工匠們打造商品，每款大部分都是由專業工匠手作完成，因此設計出來的產品都是經過肉眼一一檢驗，品質很高。

如同標榜極簡風格單品的設計哲學，商標彰顯出永恆與現代感，而商標字母之間的字距都計算得十分精確，即使細微到一些小細節，都希望呈現給消費者最好的視覺感受。

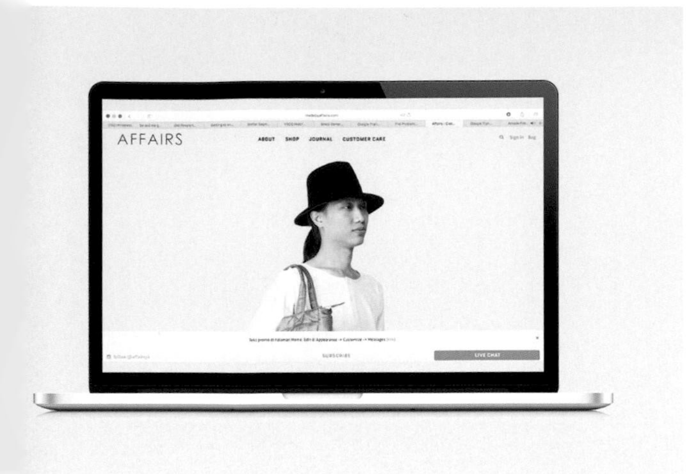
AFFAIRS
ABOUT
SHOP
JOURNAL
CUSTOMER CARE
SUBSCRIBE
LIVE CHAT

INA
AFFAIRS
MADE

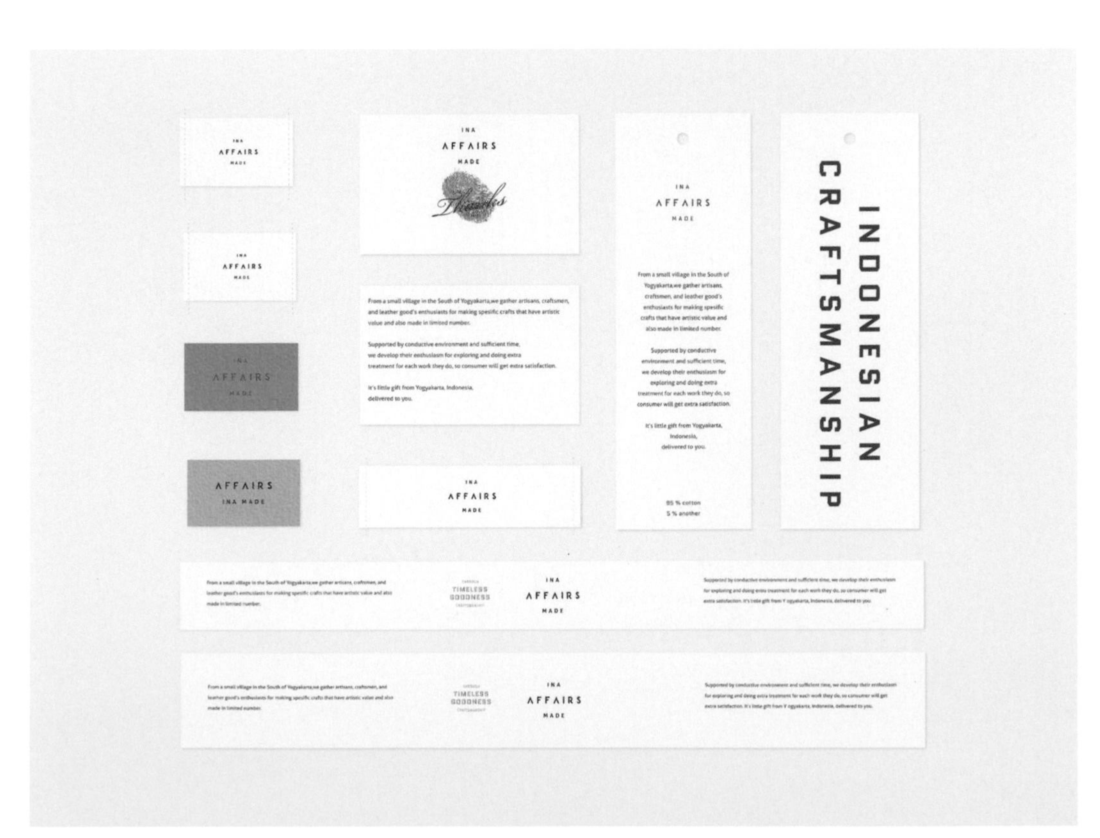
INA
AFFAIRS
MADE
From a small village in the South of Yogyakarta,we gather artisans, craftsmen, and leather good's enthusiasts for making spesific crafts that have artistic value and also made in limited number.
Supported by conductive environment and sufficient time, we develop their enthusiasm for exploring and doing extra treatment for each work they do, so consumer will get extra satisfaction.
It's little gift from Yogyakarta, Indonesia, delivered to you.
85 % cotton
5 % another
INDONESIAN
CRAFTSMANSHIP
AFFAIRS
INA MADE
TIMELESS
GOODNESS

Supreme Torrelavega

Location 地點
Cantabria, Spain 西班牙 坎塔布里亞

Design Agency 設計單位
Mubien

Design 設計
David Mubien

Art Direction 藝術指導
David Mubien

Photography 攝影
Víctor Mubien

2017 年 3 月落成的複合品牌專賣店 Supreme Torrelavega，為男女性提供服裝、鞋子與配件，品牌地點就在西班牙小鎮托雷拉韋加主廣場旁邊，是當地最具代表性的建築之一。Mubien 設計公司把專賣店所在地視為品牌塑造非常重要的元素，於是他們把這個要點轉化成視覺核心。在研究過主要消費受眾後，Mubien 發想出一個生命力十足的標誌，用多個符號傳遞這個計畫的價值。此外，他們也為品牌設計周邊物品，像是文具、看板以及商品包裝等等。

SUPREME

1848

SUPREME
SUPREME
Torrelavega

Portuguese Flannel

Location 地點
Porto, Portugal 葡萄牙 波爾圖

Design Agency 設計單位
This is Pacifica

Design and Art Direction 設計與藝術指導
Pedro Mesquita, Filipe Mesquita, Pedro Serrão

Photography 攝影
João Sousa and NUMO Photography

來自北葡萄牙織造商 Magalhães 第四代兩兄弟 Antonio 和 Manuel，決定使用頂級棉布製作簡單但有高品質的襯衫，好來紀念他們曾祖父的紡織業家世。

品牌形象的靈感發想自「來自海岸與山巔的人們，以及他們無懼和充滿挑戰的生活方式」，集許多圖像素材大成，建構了一個代表葡萄牙的圖像，也讓商標能有更多的排版模組，在視覺效果上更豐富靈活。能夠因應不同季度與服裝系列，延伸出各自迥異的意境抒發，更能嘗試探索不同情境下的多樣性格可能。

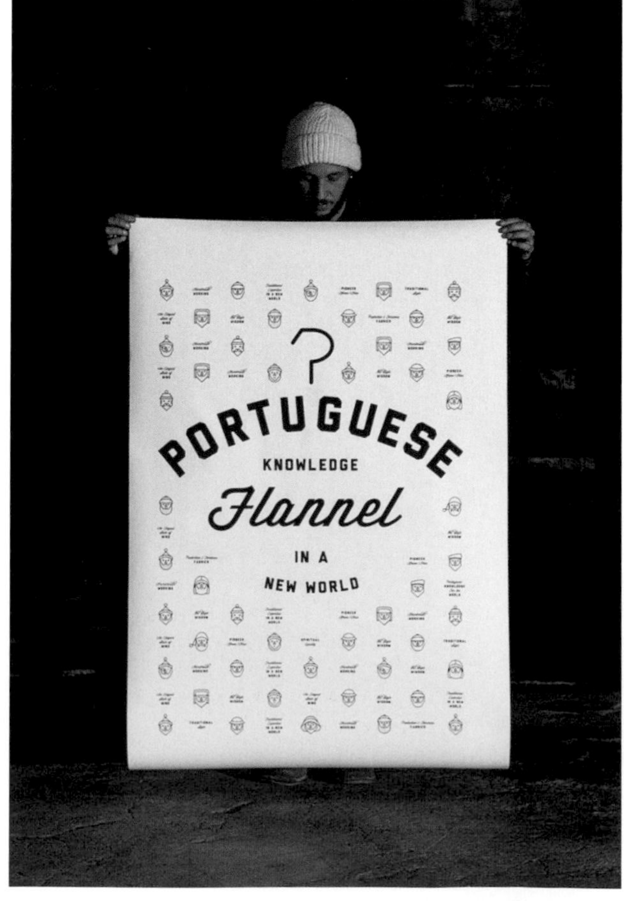

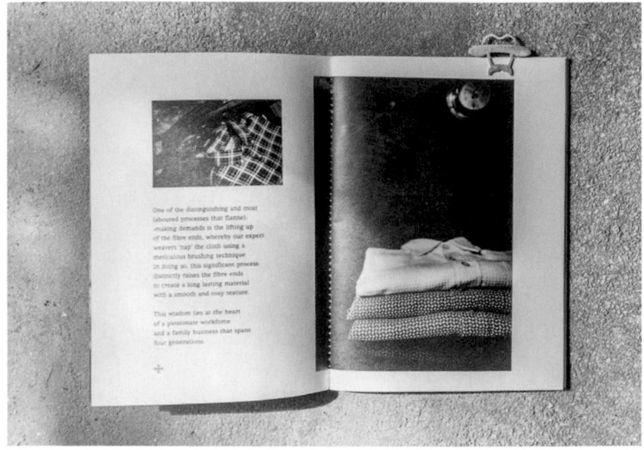

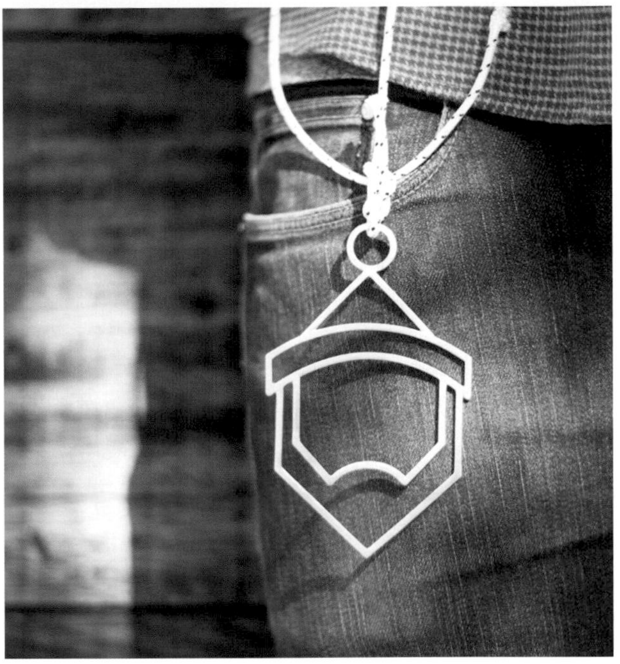

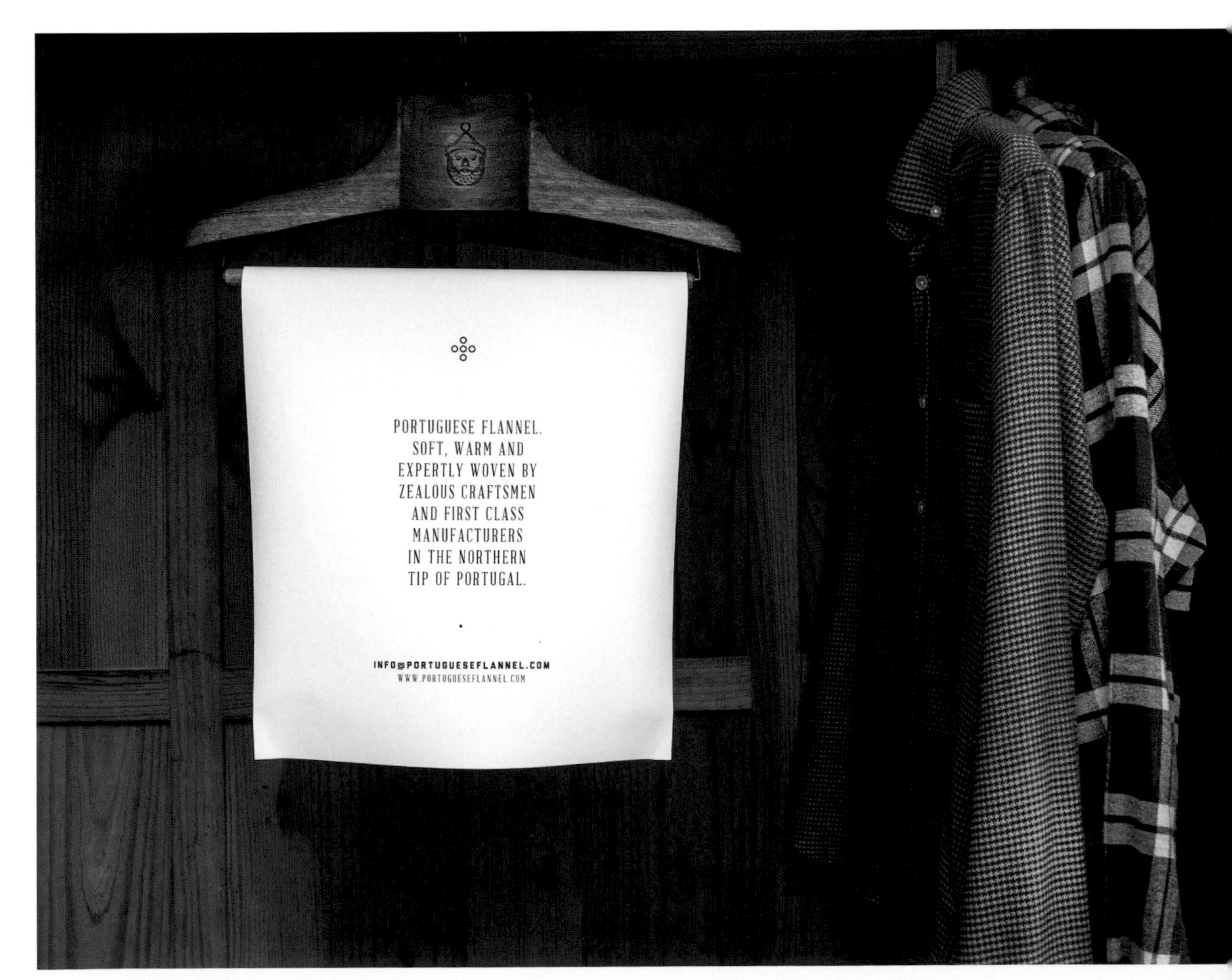
PORTUGUESE FLANNEL.
SOFT, WARM AND
EXPERTLY WOVEN BY
ZEALOUS CRAFTSMEN
AND FIRST CLASS
MANUFACTURERS
IN THE NORTHERN
TIP OF PORTUGAL.
INFO@PORTUGUESEFLANNEL.COM
WWW.PORTUGUESEFLANNEL.COM

PORTUGUESE
KNOWLEDGE
Flannel
IN A
NEW WORLD

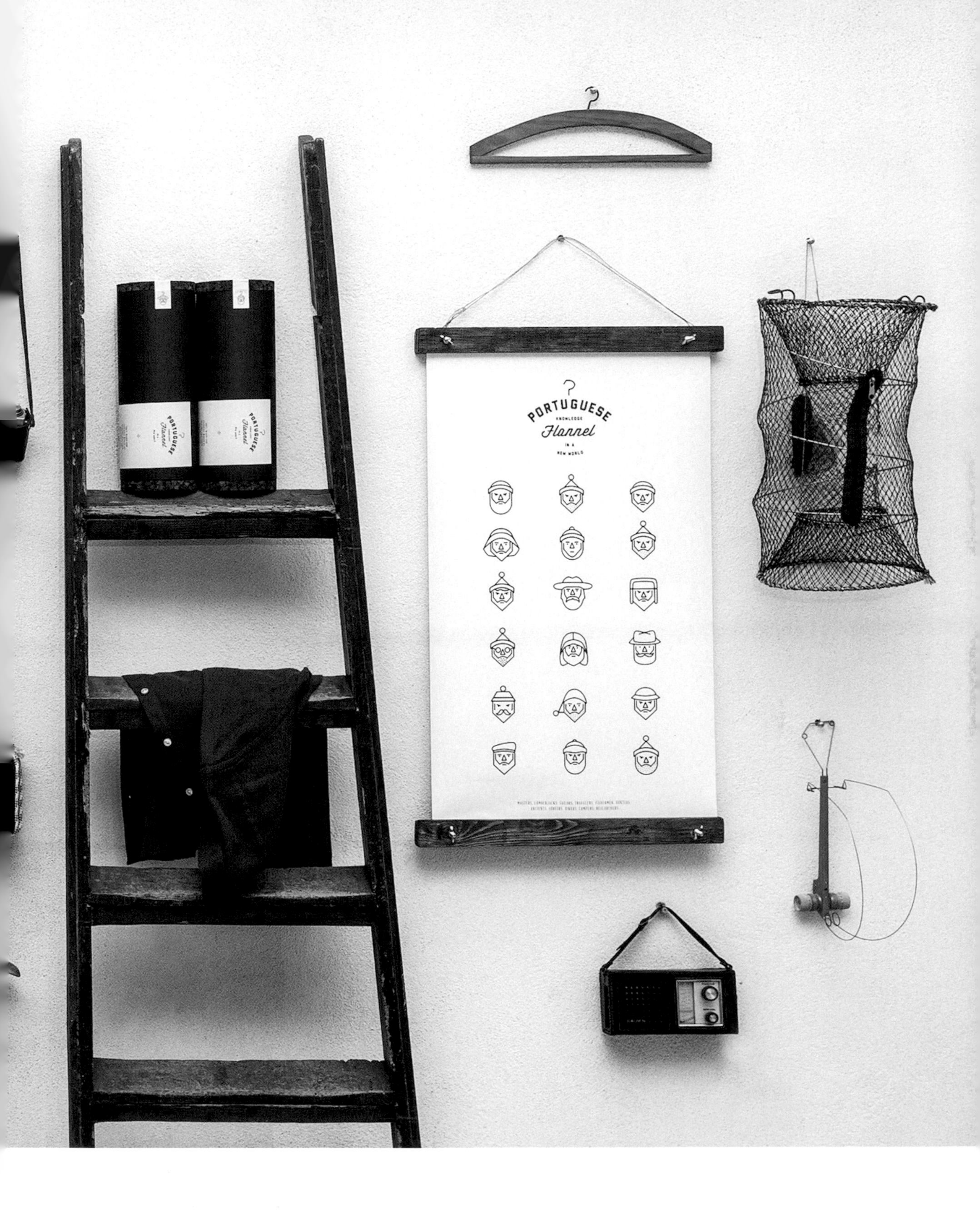
PORTUGUESE
KNOWLEDGE
Flannel
IN A
NEW WORLD

Tryst

Location 地點
Manila, Philippines 菲律賓 馬尼拉

Design Agency 設計單位
Serious Studio

Design 設計
Claudine Santos

Art Direction 藝術指導
Deane Miguel, Lester Cruz

Photography 攝影
Deane Miguel

Tryst 是歐洲精品時裝品牌的選品店，專挑那些著重服裝設計本質的品牌，不論是結構感強烈、一絲不苟的，或是創意十足的前衛品牌，都是它挑選的範圍。品牌形象的規劃靈感，來自帶點闇黑誘人氛圍的愛情故事，透過簡單明瞭的設計系統與份量感十足的金色細節點綴，在奢華與簡約中取得平衡；並藉由油漬圖樣處理，整合品牌視覺設計，營造感性氛圍。

Tryst

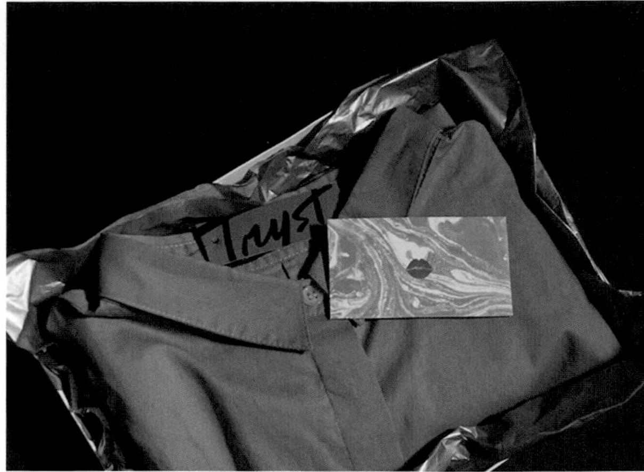
Tryst

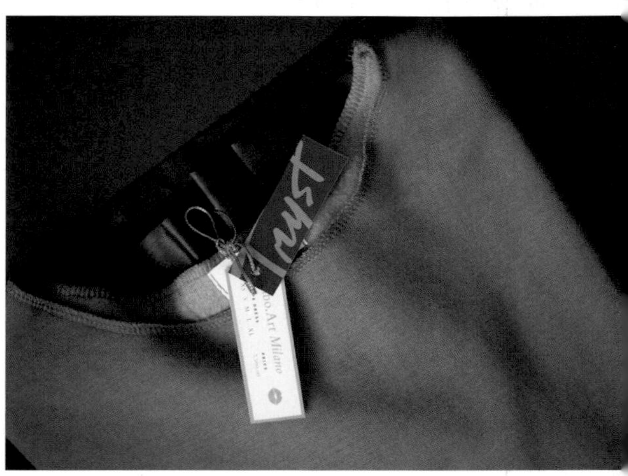
Tryst

Tryst
BOGLIOLI
INCOTEX
BROCKENBOW
Tryst

Namale Creations

Location 地點
Montreal, Quebec, Canada
加拿大 魁北克 蒙特婁

Design Agency 設計單位
Phoenix The Creative Studio

Account Executive 營運管理
Fouad Mallouk

Creative Direction 創意指導
Louis Paquet

Photography 攝影
Jo Gorsky

Art Direction 藝術指導
Christopher Nicola

Namale Creations 創辦人 Feda 從小就對珠寶創作充滿熱情，小時候她喜歡在敘利亞城市阿勒坡看珠寶商親戚工作的模樣。當她來到加拿大，也帶著那股至今從未消褪的熱情，就在幾年前，她決定讓兒時夢想成真，創立自己的珠寶品牌 Namale Creations。 Namale 來自斐濟語，意味著「獨特的寶石」，完美體現她的匠師級產品皆是用最好材料，全手工打造的特質。

JOYAUX
CRÉATIONS
NAMALE
N
UNIQUES

NAMALE

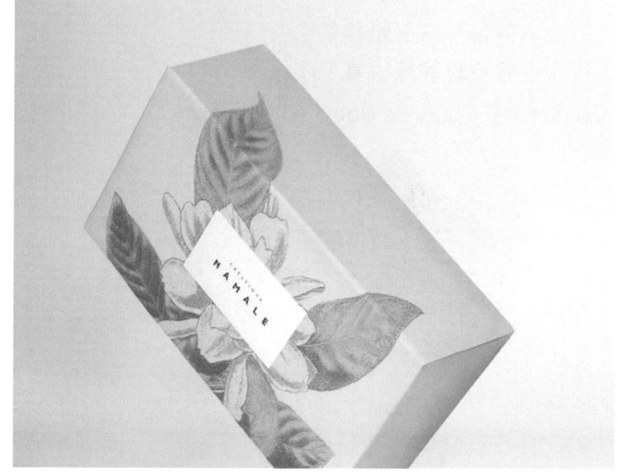
NAMALE

N
N
CRÉATIONS
NAMALE
CRÉATIONS
NAMALE
www.creationsnamale.com

HÅNDVÆRK

Location 地點
New York, USA 美國 紐約

Design Agency 設計單位
Savvy Studio

Design and Art Direction 設計與藝術指導
Savvy Studio

Photography 攝影
Alejandro Cartagena, Mark Sanders

Håndværk 代表著手作、手工藝、工匠精神與工藝技術，因此在品牌形象塑造上力求反映 Håndværk 優雅且簡約的本質。簡約線條以及乾淨的編排型態，是架構在極簡北歐風格和日本美學上，以其為基礎。

而品牌商標本身就是一種抽象符號，它最引人注意的細節在於－ Håndværk 的字母 A 上的小圓，恰好呼應著品牌規劃的原則，將一切跟品牌有關的事物都緊貼中心思想。透過簡單而優雅的裝飾，好比是壓紋，用來傳達品牌的核心價值，簡約、奢華、高品質以及真實，這是一種潛移默化而且是透過「觸感」來實現的溝通手法。

håndværk
for optimal
division
women
Peruvian Pima cotton
Designed in New York
Handmade in Peru
m

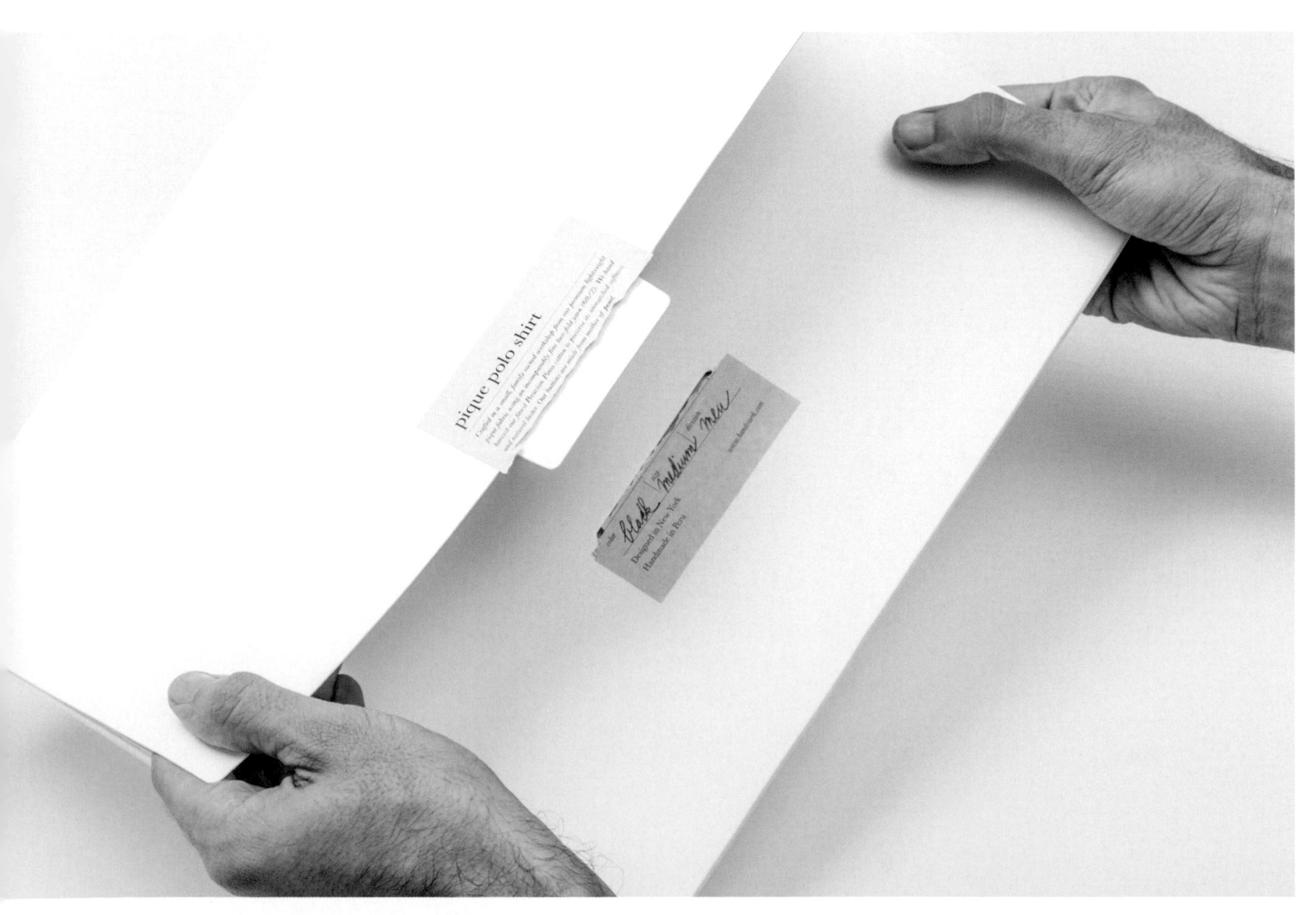

pique polo shirt
black
medium
men
Designed in New York
Handmade in Peru

X – LABELED

Location 地點
Dubai, UAE 阿拉伯聯合大公國 杜拜

Design 設計
Ryan Romanes

Art Direction 藝術指導
Ryan Romanes

Photography 攝影
Ryan Romanes（作品集）
Dawid Rus（時尚）

總部設於阿聯酋的男裝品牌 X-Labeled，希望透過細節、機能性和剪裁，提供給消費者超越平庸，瀰漫個性化且具有目的性的男裝。品牌形象設計師和創辦人一同打造簡單滿是極簡精神的識別符號，讓服裝與品牌價值得以共生共存。

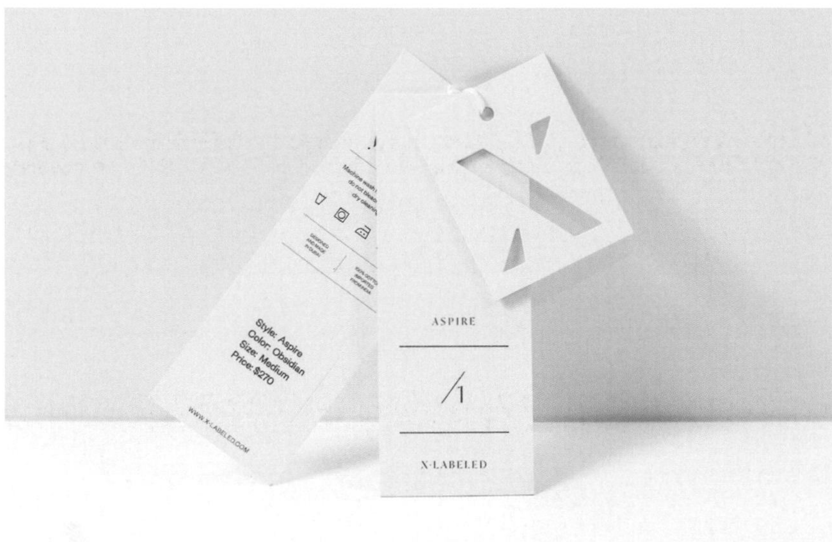

ASPIRE
ASPIRE

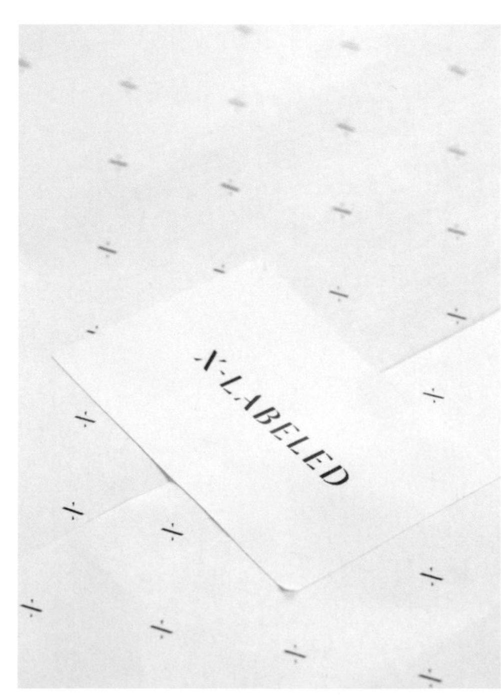
X-LABELED

X-LABELED
X-LABELED
BE
X-LABELED
ANYTHING
X-LABELED
BUT ORDINARY
ASPIRE
X-LABELED
Price: $220

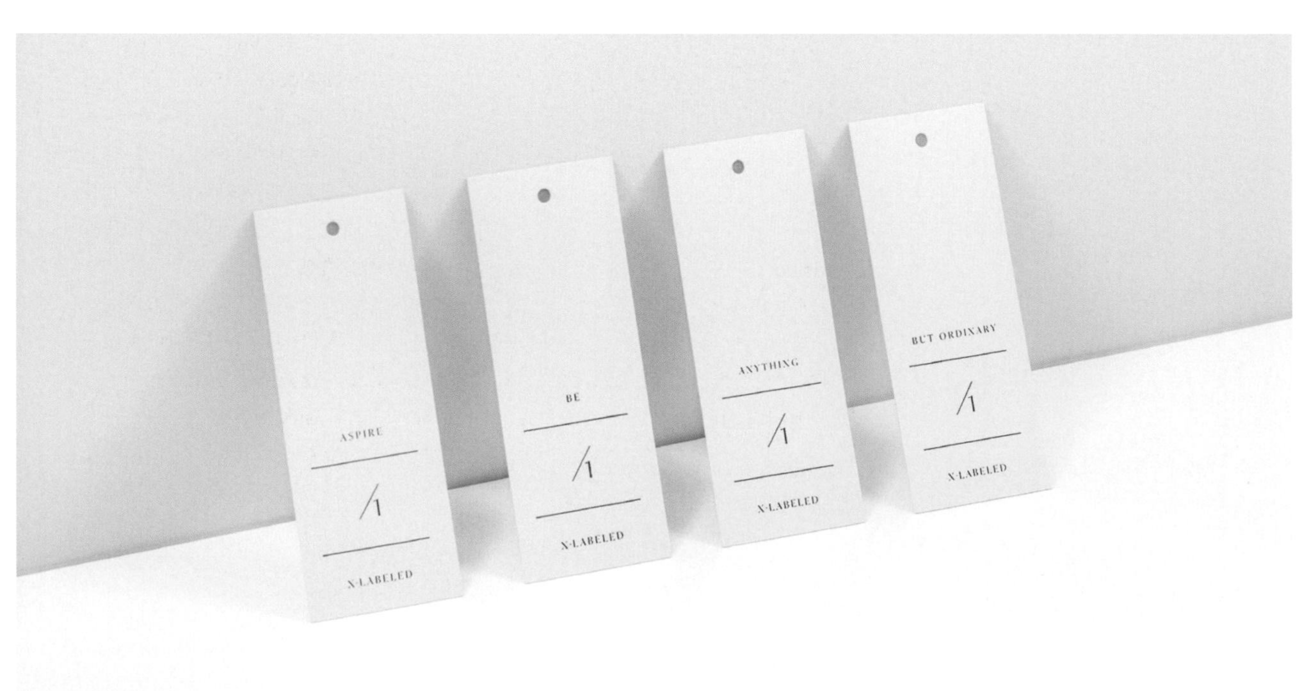
ASPIRE
X-LABELED
BE
X-LABELED
ANYTHING
X-LABELED
BUT ORDINARY
X-LABELED

Index
索引

26 Lettres
www.26lettres.com

26 Lettres 是家位在加拿大蒙特婁，整合藝術視覺指導與平面設計的創作公司，提供策略性、有創意的方案和服務，像是品牌與企業形象識別，編輯、書籍、海報、網站、外部包裝、動畫設計與影片，以及創意諮詢等。

P.154-155

Anagrama
www.anagrama.com

橫跨品牌規劃、建築和軟體開發的跨國公司 Anagrama，在加拿大蒙特婁和墨西哥城都設有辦公駐點，其客戶包含來自世界各國不同產業的公司。除了在品牌塑造方面的歷史與經驗，他們也專精於空間、軟體和多媒體項目的設計與開發。

Anagrama 能將精品設計與商業諮詢等業務做一完美結合，可以在開發創意產品的過程中，對細節全神貫注有所堅持；也能在有形數據的分析基礎上提供最佳解決方案。

P.146-149

Andstudio
www.andstudio.lt

Andstudio 是一家專為品牌提供策略、形象識別和設計溝通路徑的工作室。Andstudio 透過有意識的設計，連接企業與受眾，讓品牌變得更加激勵人心，能持久營運。

Andstudio 的員工都在這條設計道路上找到許多樂趣，事實上他們相信如果沒有真的熱愛這件事，是不可能讓人們相信他們的努力的，熱愛工作就是他們存在的理由。

P.014-017

Art Labore
www.artlabore.com

Art Labore 是間跨領域的設計與傳播公司，2012 年由 Jazmin Flores Zaher 和 Sergio Riojas 於墨西哥加薩加西亞創立。Art Labore 與各形各色的大企業及小公司都有合作，像是樂高、英美菸草以及普萊克斯。

在每個合作案，Art Labore 都致力於提供具有強烈創意、獨特性與原創的想法，在客戶邁向成功的旅途中滿足他們的需求。

P.078-079

Attila Ács
www.behance.net/attilaacs

設計師 Attila Ács 在匈牙利藝術大學（Hungarian University of Fine Arts）主要修讀平面設計、品牌規劃和印刷設計。他目前在一個年輕且多才多藝的設計團隊 22's 中工作，這家公司主要業務是品牌規劃、網頁和動畫設計，而他非常熱在其中。

P.038-041

Binomi
www.binomi.co.uk

一家位於東倫敦奧爾斯頓的獨立平面設計工作室 Binomi，由 Bianca Baldacci 和 Noemi Caruso 兩人創立主導。Binomi 專注於品牌規劃、印刷、包裝、網頁設計、插圖和環境標誌設計。而工作室名字來自義大利語的「二項式」（Binomial），代表兩種元素的連結，反映了創意人的專業背景，以及他們在每個專案運用的專業技巧。他們的設計手法建構在概念性思維上，建立在對客戶產品和公司精神的深入研究中，沒有任何一種元素是隨意摻入。

P.112-113

Bleed

www.Bleed.com

橫跨多面向的設計工作室 Bleed，致力於挑戰當今有關設計、視覺語言和傳播媒介的固有思維，它的業務範疇涵蓋了品牌形象規劃、開發、藝術指導、印刷品、標牌、互動式設計、藝術項目和展覽。

P.100-103

Blok

www.blokdesign.com

屢屢得獎的 Blok，工作內容橫跨不同形式的媒體與領域，並與許多來自世界各地、不同公司品牌的前驅和創作者合作，推動結合文化、藝術和人道主義的企劃，來刺激社會和企業進步。這家工作室還獨立策展，希望拓展他們對所處世界的認知。Blok 的作品持續地在世界各地的出版品與部落格自媒體中曝光，從日本到德國都有蹤跡，而且在美國國會圖書館永久典藏品中，都看得到。

P.166-167, 202-203

Bratus

www.bratus.co

Bratus 是越南胡志明市一家品牌策略設計公司，以大膽和令人難忘的作風出名，有助於企業在競爭者中脫穎而出，樹立維持長久的品牌威信。

P.086-089

Bravo

www.bravo.rocks

Bravo 是新加坡一家創意主導的獨立設計工作室，與許多不同的品牌和組織合作，提供深思熟慮並帶有創意的設計，這家公司專注於打造品牌形象、印刷、網路傳播與藝術指導。

P.104-105

Communal

www.communal.mx

Communaul 是一家跨領域的設計工作室，專門為品牌和他們的用戶打造互動式體驗。Communal 把設計視為一種在品牌與客戶之間創造強力連結的工具，發展出具備優秀商業性能且兼具獨特美感形象，能夠吸引人的企劃。

P.200-201

Design Bakery Studio

www.designbakery.cn

Design Bakery Studio 相信設計發想的過程應該就像烘焙一樣，需要耐心和時間。耐心就是去了解並滿足客戶的需求，然後給客戶和設計師雙方一點時間去思考， 並接受「設計」背後的意義。最終，誕生出來的結果就是個有溫度的設計。

P.160-163

Design Ranch

www.design-ranch.com

近 20 年來，Design Ranch 一直在打造和重塑具有前瞻性的品牌，以真誠、吸引人的創意訊息，為品牌帶來了眾人皆有所感的存在感、知名度與影響力。

P.062-063

Deutsche & Japaner

www.deutscheundjapaner.com

為客戶提供整體性的規劃方案，包含品牌與企業形象規劃、媒體宣傳和線上曝光等，Deutsche & Japaner 都非常重視這些體驗是否可持續發展。這家工作室對細節充滿熱情，撇開一些物質條件限制，他們提供各種領域的專業知識，像是室內設計、 場景設計， 以及概念創作、藝術指導和品牌策略導引。

P.110-111

Dmowski & Co.

www.dmowski.co

Dmowski & Co. 是位於波蘭華沙的平面設計工作室，專門負責品牌規劃、包裝、互動設計與印刷設計。

P.020-021

Dũng Trần

www.behance.net/dungtran

住在越南河內的 Dũng Trần 是個平面兼網頁設計師，他的作品遍佈全球，在 Behance 平台上的簡歷介紹，可以感受到設計師的熱情以及他的平面設計作品。

P.054-057

El Monocromo

www.elmonocromo.com

El Monocromo 是一家總部位於波哥大的設計工作室，專門對傳播、平面設計、媒體、時事和政治進行研究。工作室讓客戶直接與他們洽談反饋、可以一同參與討論整個流程，如此一來，能夠激盪出每項企劃創意，並建立更親密的關係。

El Monocromo 成立於 2010 年，主要目的就是希望和形形色色的客戶，好比政治人物、麵包店、餐廳、酒吧、咖啡館、音樂家、藝廊、藝術家、建築師、商人、專案諮詢、裁縫、製造商、攝影師、商業節慶以及房地產公司等，透過合作項目一起拓展品牌規劃的範疇。

P.120-123

Eldur Ta

www.be.net/elrendir

Eldur Ta 是一名在越南胡志明市自由接案的平面設計師，他主要負責品牌形象規劃的專案。對排版和圖像的組合搭配總是充滿興趣，對他來說，簡單的設計愈有效果。他的客戶來自世界各地，而他個人亦樂於探索學習更多的設計風格。

P.070-073

ELLE mELLE

www.ellemelle.no

設計工作室 ELLE mELLE 為在地與國際企業打造品牌形象，真誠無畏地為這些客戶找出規劃方向，加強企業策略。他們將品牌形象視覺化，為其找到競爭優勢。

包含「卓越設計獎」（Award for Design Excellence）在內，ELLE mELLE 曾獲許多獎項，他們的強項是在概念發展上的策略以及跟客戶保持高黏度，在品牌規劃的每一步，都透過創意策略以及形象的視覺化，將夢想和構思轉變為真實製作，不管是在數位還是實體設計上。

P.174-175

Erretres, The Strategic Design Company

www.erretres.com

總部設於西班牙馬德里的 Erretres, The Strategic Design Company 是一家品牌與數位諮詢公司，業務範圍包含歐洲、拉丁美洲和日本。Erretres 的設計特色，是以人為本，提供技術導向的設計方案，並輔以創新商業模式與策略。為了創造讓品牌與終端用戶能識別的品牌形象，他們擅長把複雜問題簡單化。在規劃過程的各個階段，他們跟客戶協力，針對每個專案的特殊需求，提供解決手法。在提供品牌與數位服務上，他們是一群獨一無二的跨國專家。

P.192-193, 212-215

Eskimo

www.eskimodesign.ru/en/

俄羅斯頂尖設計工作室之一的 Eskimo ，致力於為企業打造商標、品牌形象、網站和插圖。在這個市場立足超過 7 年，這個小型的團隊緊密合作成功建立幾十個富有意義的企劃；而其主要核心價值就是在設計領域為客戶解決特定問題。

P.136-137

Estudio Mendue

www.estudiomendue.com

設計工作室 Estudio Mendue 總部設在西班牙馬德里，他們的工作內容涉及不同領域，如視覺識別、數位或是實體印刷規劃等。

工作室致力於創造有效且有情感的設計，透過理性設計和前期分析，打造視覺導向的產品，來與觀眾建立感情。

P.176-179

Fanrong Studios

www.be.net/fanrongstudios

設計工作室 Fanrong Studios 是總部設在印尼第二大城泗水的創意諮詢團隊。他們的工作內容有視覺應用、模擬和數位規劃，雖然在某些點上，實體的東西可以提供觸覺的親密體驗；然而數位領域的活躍，觸及更廣的群眾交流也是同等重要。觀察、研究、構思、傾聽、調整等，在為一個成長中的品牌增加價值時，打造強力概念是不能省略的。

Fanrong Studios 相信價值會自己說話，永恆會凌駕趨勢，簡單勝過取巧、精心安排的策略贏過追求沒有終止日的幻想。他們所做的一切只為一件事，為你、人民、企業和族群打造最好的形象。

P.216-217

For brands

www.forbrands.pl

人少、獨立運作，來自波蘭的品牌規劃工作室 For brands，執業超過 8 年時間，持續協助品牌從實體到線上，能保持國際性與全面性能見度。

P.118-119

Founded

www.founded.design

英國設計工作室 Founded，為來自全世界的不同客戶提供創意企劃。他們的企劃方案總是經過縝密思考、 精心安排、具備多種功能性，且總是全力以赴達到成果。

P.084-085

Francesco Montano

www.graphilia.it

義大利平面設計師 Francesco Montano 總是對工作保持熱情，出生於 1992 年的他，很早就對設計發展出濃厚興趣。喜歡追隨新的設計趨勢，卻又總是在每個企劃中保持自己的風格。從年輕開始，他就努力培養自己對於平面設計的知識，他對自己的要求很高，工作一定要達到最好的效果才行。極其注重細節的他，在 2016 年成立個人工作室 Graphìlia，以自由接案為生。

P.180-183

Futu Creative

www.futucreative.com

Futu Creative 提供傳播策略，協助品牌利用優秀的設計內容和吸引人的方式來講述它們的故事。工作室內的設計師打造令人難忘的視覺效果與誘人的故事，將複雜創意從根本切割開來。Futu Creative 打造獨特的整體體驗，來跟客戶建立深層的情感連結，刺激潛力成長。

P.026-027

Futura

www.byfutura.com

來自墨西哥的設計公司 Futura，為來自全世界不同產業的客戶，提供品牌策略規劃、建築、軟體開發和影像製作等服務。

P.188-191

Garbett

www.Garbett.com.au

總部位於澳洲雪梨的平面設計公司 Garbett，擅長打造品牌識別標誌、藝術規劃與形象視覺製作。這家公司的目標是希望透過設計和思考，讓世界變得更美好、輕鬆且愉悅。他們的客戶包含雪梨歌劇院、澳洲平面設計協會、《哈佛商業評論》和澳洲建築師協會。

P.184-187

Ghiffari Haris

www.ghiffariharis.com

Ghiffari Haris 是一位年輕的印尼平面設計師，目前在雪梨工作，透過數位平台分享他對品牌形象規劃和版面設計的熱情，讓他獲得來自世界各地的讚賞。可在眾多社交平台見其創作的活躍度，而他本人更早在 2016 年獲得雪梨 Behance 創作交流平台最佳學生優勝之一。

P.164-165

Hansen/2

www.hansen2.de

位於德國漢堡、能提供全方位設計的 Hansen/2 工作室，透過明確的設計規劃來協助發展品牌形象，他們專注在品牌策略與設計上的重新定位，身份多重，是設計師、藝術總監、策略家，也是專案經理。作為良好的傾聽者，他們始終與客戶敞開胸懷對話，得以在密切的合作中，確立並定義發展相關視覺形象的核心要素。

P.150-151

Jefferson Paganel

www.jeffpag.com

常駐巴黎的平面設計師兼藝術視覺指導的 Jefferson Paganel ，自從在巴黎市立高等專業平面設計暨建築學院（EPSAA）取得平面設計的碩士學位後，開始跟許多公司和創意人合作，像 是 Icne Paris、Leslie David、Sid Lee Paris，現在則是和設計事務所 LaPetiteGrosse，合作各種關於時尚、奢侈品、建築和其他主題的專案。

P.106-109

Kamila Mitka

www.behance.net/kamilamitka

Kamila Mitka 的工作主要專注於使用者體驗（UI/UX）、網頁設計、品牌規劃與視覺識別打造，以及包裝設計。

P.009-011

Karla Heredia

www.behance.net/karlachic

墨西哥設計師 Karla Heredia 相信設計來自人性，她總是在尋找品牌特質的力量，可以一種美而有益的方式來彰顯它。她不斷在街頭、人群、建築還有音樂中尋找靈感，試圖在每一個專案有關聯的事物中找到最好的方案。可以說設計師喜歡和「設計／品牌」一同成長，彷彿這是一段非常個人、充滿想像力的關係。

P.142-143

Kissmiklos

www.kissmiklos.com

Miklós Kiss 的作品觸角融合建築、美術、設計和平面設計等多種面向，強烈的藝術手法和傑出的美學觀點成為他設計的大賣點。而他的藝術創作，就跟他在規劃企業形象與平面設計上的獨特風格一樣鮮明。

P.138-141

L² studio

www.l2studio.co

L² 工作室是由兩位年輕的平面設計師合作成立的，因為他們同時也是雙胞胎，所以品牌名字提到的函數符號指的就是合作效果，作為一個團隊，兩位設計師工作效果，可以比他們單獨工作時來得強大。他們和富有設計潛力的客戶，共同創造了引人入勝的品牌體驗。

P.152-153

Leta Sobierajski

www.letasobierajski.com

位於紐約的 Leta Sobierajski，身兼獨立設計師和藝術視覺指導，擅長將傳統的平面設計元素摻入攝影、藝術和造型，打造獨特的視覺效果。其作品有著令人意想不到的多樣性，從傳統的形象到組合怪異的表達手法。她曾在紐約大學州立帕切斯分校（Purchase College）學習平面設計，2013 年開始獨立工作，並與其他 19 位 30 歲以下的國際設計師，被設計雜誌《Print》選為年度新視覺藝術家。合作客戶包含 AIGA、《彭博商業周刊》、Digg、Google、 IBM、Kiehl's、《紐約時報》和 UNIQLO 等。

P.052-053

Marie Zieger

www.mariezieger.com

平面設計師 Marie Zieger 同時也是一位獨立的字體藝術家、熱衷社會議題，目前在奧地利格拉茲工作生活；她以自由接案為主，合作的對象包含許多工作室和國際客戶，內容項目無論是出版企劃、品牌形象識別和客製字體設計，都有涉略。

P.114-117

Masquespacio

www.masquespacio.com

由 Ana Milena Hernández Palacios 和 Christophe Penasse 兩人成立於 2010 年的 Masquespacio，是有得獎加持的創意諮詢公司，結合兩位創始人擅長的領域 — 室內設計與行銷，透過獨特手法打造品牌形象與室內設計等專案，以創新概念持續獲得設計、時尚與生活風格媒體的讚賞與認可，他們已在挪威、美國、德國和西班牙等地都有響亮成績。

P.172-173

Midnight Design

www.behance.net/designinmidnight

Midnight Design 擁有一支來自不同專業領域的設計師組成的團隊，身心全面致力於激盪創意，開發出活力非凡的創意設計。

他們投入時間在解決客戶的難題，以獨特視角和動態分析，全心完成客戶的需求。為了達到滿意的效果，他們重視每一個客戶的需求和依賴性，因此更高度重視整合雙方的意見。

P.144-145

Mubien

www.mubien.com

專擅於品牌形象與商標設計的工作室 Mubien，幫來自世界各地客戶，像是新興企業和品牌等邁出第一步，或是替客戶重新打造全新商標形象，得以持續前進。

特別的是在 Mubien 的工作室裡擺設一台歷史近一世紀的印刷機械，它曾提供給品牌客戶們客製化的工藝產品需求，也同時供予其他設計師或文創公司享有這項服務。

P.206-209, 218-219

MUZIK Creative Label

www.muzikeyewear.com/#none/
www.stealereyewear.com

「MUZIK 的作品就由 MUZIK 的藝術家來完成」，呼應這句口號，設計工作室 MUZIK Creative Label 是由多位渴望透過不同形式的藝術創作來表達自我的藝術家們所組成，在打造自己的眼鏡品牌同時，MUZIK Creative Label 也努力做到從眼鏡設計、包裝到生產運送，對整個流程進行高度品質掌控。

P.048-051

Noeeko

www.noeeko.com

位於波蘭華沙的小型設計工作室 Noeeko，致力於為客戶打造具有連貫性、獨創以及有效果的設計方案，來傳達客戶的關鍵信息。背後的團隊匯聚了平面設計、創意發想、專案執行等人才，而工作室多和大型企業品牌、公共機關組織、另外像是小型企業、生活風格品牌、餐廳和藝術家等，皆有合作案。Noeeko 擁有跨媒體的專業性，可積極為每一個專案打造原創且藝術性的樣貌，工作室的信念就在於客戶的成功也是自己的成功。

P.018-019

Ozan Akkoyun

www.ozanakkoyun.com

Ozan Akkoyun 是名獨立平面設計師和藝術指導，目前在伊斯坦堡工作，版面視覺設計在他的工作中佔有非常重要的一部分，所以可在數位、空間、社會議題和形象設計跟版面設計等領域提供一系列的創意服務，除此，設計師本人也是土耳其平面設計協會的成員之一。

P.066-069

Pacifica

www.thisispacifica.com

位於葡萄牙波爾圖的獨立傳播工作室 Pacifica， 由 Pedro Serrão、Pedro Mesquita 和 Filipe Mesquita 在 2007 年成立，其服務項目包含品牌規劃、平面設計、互動式設計、網頁視覺、包裝、商標、空間設計、媒體內容美術執行、動態插畫、行動網設計、廣告活動與關係行銷等。

P.220-223

Parámetro Studio

www.parametrostudio.com

位於墨西哥蒙特雷的 Parámetro Studio 是一家跨領域的設計工作室，專門在全球各地從事品牌開發，期望在業界具有一定指標性，隨時脫穎而出。

P.074-075, 124-127, 156-159

Pata Studio

www.patastudio.uk

位於倫敦的平面設計工作室 Pata Studio，是 Zeynep 和 Cem 在 2016 年成立，團隊和不同的客戶合作，進而擁有打造品牌形象、藝術指導、插畫、圖像創作、教學、排版、包裝、路標和網站設計方面的技能。工作室熱衷於用有影響力的方案來呼應客戶的需求，同時探索其可運用的平台。

P.168-171

Phoenix The Creative Studio

https://phoenix.cool/

有些人形容 Phoenix The Creative Studio 是一個「以人為本」的工作室，背後的設計師旨在營造設計的互動機制好可以串聯品牌，對其抱有情愫；也有人相信他們整合 Phoenix 過去經驗與設計團隊的才華 ，塑造出靈感創意的煉金術。實際是設計團隊在創意的膽識與技術實力，早已為 Phoenix 贏了超過 110 多個大獎，其中超過 400 個代表客戶執行的專案更是得到國際認可。

P.210-211, 226-227

Progressivo psv

www.progressivo.pl

成立於 2001 年的平面設計工作室 Progressivo psv，總部位於波蘭羅茲，工作室的信念是重視研究、對話、洞察力和能夠激發靈感的想法。其工作項目涵括塑造品牌形象、導視系統、實體印刷、內容規劃、出版、網站和包裝設計等等。

P.204-205

Ray Dao

www.raydao.com

來自越南河內的平面設計師 Ray Dao，曾在舊金山藝術大學學習平面設計，從 2010 年開始便以自由接案踏入設計圈。在畢業之後，他搬到洛杉磯工作生活，2016 年時入選美國《Graphic Design》雜誌的「潛力新人」行列。他的設計偏向喜歡有思想、有美感且聰明，可又能清楚精且準傳達訊息的極簡設計。

P.034-037

Rebeka Arce

www.rebekaarce.com

Rebeka Arce 是一名跨領域的品牌設計師和藝術總監，以靈活的形象設計、動態、靜態的圖像創作跟製作議題內容，為視聽媒體規劃創意方案。旅居過像是柏林、畢爾包和馬德里等不同城市，讓她體會文化的多樣性，並從貼近自然的旅遊、人群的故事、城市步調、唱片封面和環境音樂的聲音獲得靈感。現在，她在馬德里經營自己的工作室，並和許多創意工作者合作，為像索尼影視這樣的文化性機構提供服務。

P.028-031

Reynolds and Reyner

www.reynoldsandreyner.com

在 Reynolds & Reyner，打造品牌形象的任一做法，追根究柢是源自設計力量本身，其相信偉大的設計能創造出更高品質的品牌體驗，在企業與客戶之間建立有意義的連結。提供的創新設計方案不僅能幫助品牌有傑出表現，且能從視覺效果上，傳達品牌的訊息。

P.058-061

RONGYU Brand Design

www.rongyu06.com

成立於 2006 年的 RONGYU Brand Design，以傳遞感受和倡導品牌理念為核心價值，十多年來專注於打造、推廣品牌形象和品牌服務。帶有深度的專業理念跟完善的營運體系，不僅贏得眾多客戶的信賴與讚賞，更獲得超過 100 多項專業獎項肯定。

P.098-099

Ryan Romanes

www.ryanromanes.co.nz

紐西蘭出生的 Ryan Romanes 身兼平面設計師和藝術創作，在他搬到墨爾本創立自己的事務所之前，曾到過奧克蘭、紐約跟杜拜等地工作，他的作品曾獲得 AGDA 和紐西蘭設計大獎（New Zealand Best Awards）。2015 年，他被設計雜誌《Print》評選為 15 位 30 歲以下的新視覺藝術家之一。Ryan 和他工作室一起成就不少規模不等的各種專案。

P.230-232

Saturna Studio

www.saturnastudio.com

創意工作室由 Memo 和 Moi 兩個人在 2012 年創立，Memo 全名是 Guillermo Castellanos，Moi 就 是 Moisés Guillén 的外號。兩人相識於 2006 年的高中時期，但對未來會怎麼發展卻還是個問號狀態，7 年後，Memo 專攻平面設計，Moi 則是受到音樂界的影響，雙方再次相遇交集。

彼此一起工作負責平面設計專案和品牌發展，從中建立起革命情感相互感染，Memo 會提供分析視角，而 Moi 則專注在品牌諮詢上提供各種創意，使他們兩個的企劃變成一個兼具情感、策略和視覺價值的商業架構。

P.080-083

Savvy

www.savvy-studio.net

Savvy 是一家位於紐約和墨西哥的工

作室，範疇橫跨設計、 建築和品牌塑造，專注於分享獨特故事。工作足跡遍佈全球，並積極打造經得起時間考驗的創意概念。Savvy 專門在世界各地參與不同類型的企劃，包含精品酒店、餐廳、銷售空間、藝廊和博物館等。為了提供最完善的策略和概念，審視每個細節，因此每個設計的決定都具備目的性，並從不同領域擷取靈感，提供最獨特跟有效的體驗。他們探索每一種敘事手法，打造獨特卻不過時的體驗。

P.064-065, 228-229

Serious Studio

www.serious-studio.com

來自菲律賓馬尼拉的 Serious Studio 提供品牌形象、策略、宣傳、網站、體驗行銷和其他相關的服務。他們相信當人們通情達理、容光煥發時，便能創造有效的溝通。他們與客戶合作為這個世界打造具有前瞻性跟趣味的品牌。

除了睿智與值得推薦給親友等特質外，他們在工作時的本色，使他們的作品與眾不同，這讓他們合作的客戶可以在各自的行業中有傑出表現。

P.224-225

Simon Piu

www.behance.net/SimonPiu

Simon Piu 是一位來自法國的平面設計師、插畫家和藝術指導，特別擅長品牌規劃、插圖和排版設計。他喜歡打造有趣的設計，用作品來說故事。

P.046-047

Studio AH—HA

www.studioahha.com

跨領域的設計工作室 Studio AH-HA，由 Carolina Cantante 和 Catarina Carreiras 在 2011 年成立。他們對創意的熱情涵蓋各種媒介，從品牌策略到室內設計、零售到產品設計、攝影和插畫等等。隨著合作經驗變多，他們也在設計跟品牌規劃上有自己的一套模式，是能跟客戶一起合作完成每個階段的工作，並把他們的靈感、想法和動機優化成新鮮的、吸引人的品牌訊息。他們工作室雖設在里斯本，但客戶卻來自世界各地。

P.094-097

The Bakery design studio

www.madebythebakery.com

The Bakery design studio 的服務包含創意與藝術指導、策略規劃、導視系統、包裝還有幾乎所有類型的創意工作。雖然規模不大，合作者卻非常多元，接受來自全球各地的新創公司跟小型企業的委託。

P.076-077, 090-093, 132-135

Transform Design

www.transform.tw

作為一家多方位的品牌規劃公司，Transform Design 提供整體設計服務。設計是他們的專業跟熱情所在，透過不斷溝通和多元化的合作模式，Transform Design 為他們的客戶開發出最佳的視覺方案。

P.012-013

Two Times Elliott

www.2xElliott.co.uk

總部設在倫敦的設計諮詢公司 Two Times Elliott，業務範圍廣泛，包含品牌形象塑造、藝術指導、空間和網頁設計。

P.022-025

VON K

www.von-k.com

VON K 是一間由 Julia Klinger 打造的設計工作室，為客戶提供視覺溝通和品牌設計服務。她擅長開發生產高品質的圖像設計和品牌創意，其作品風格是透過獨立清晰的設計，在和諧的排版構圖中表現品牌認同、情感式影像創作及大膽的平面繪製，進而開發生產高品質的圖像設計和品牌創意。

P.042-045

Wedge & Lever

www.wedgeandlever.com

Wedge & Lever 是一家位於南加州，服務涉及設計、內容規劃和品牌策略的工作室，與來自世界各地的新創公司、藝術家和國際品牌合作，打造具有影響力的設計企劃。團隊透過研究與策略分析，在充分理解專案需求後，擅長提供概念導向的解決方針，最重要的是這些方案深富美感且效果十足。

P.128-131

Yeyé

www.yeye.design

Yeyé 是家位於墨西哥的傳播設計公司，他們深信世界需要新的溝通模式，而品牌就是他們的實驗對象。崇尚真實反對虛偽，而宣揚真實的最好方式就是透過設計來說話。設計是真相，廣告則是謊言。 他們揚棄舊形態的行銷手法，擁抱設計的真諦並視為人類創作的唯一語言。

P.194-199

Zhenya Rynzhuk

http://zhenyary.com

設計師 Zhenya Rynzhuk 藉由設計思維來改善客戶體驗，了解品牌消費者真實需求，進而協助發展業務。

設計師的強項在於她能寫手機應用軟體、網站設計和品牌形象規劃，同時能夠優化客戶當前的項目，並隨時準備好開始新企劃。

P.032-033

Acknowledgements
致謝

我們要感謝這本書裡出現的所有設計創作者，

謝謝他們授權發表他們的作品，以及所有慷慨讓我們使用圖片的攝影師。

我們還要感謝許多名字沒有出現在書裡，但卻有著特別貢獻與支持的人們。

沒有他們，我們將無法與全世界的讀者分享這些美好的作品，

還有我們的編輯團隊，編輯 Krysyle Zhang 和書籍設計師 Wu Yanting，

衷心感激。

We would like to thank all of the designers involved for granting us permission to publish their works, as well as all of the photographers who have generously allowed us to use their images. We are also very grateful to many other people whose names do not appear in the credits but who made specific contributions and provided support. Without these people, we would not have been able to share these beautiful works with readers around the world. Our editorial team includes editor Krystle Zhang and book designer Wu Yanting, to whom we are truly grateful.